걷고, 밟고, 달리고
미서부 기행 8,800km

걷고, 밟고, 달리고 미서부 기행 8,800km
60대 은퇴자들의 겁 없는 도전기

초판 인쇄 2020년 10월 5일
초판 발행 2020년 10월 15일

지은이 김기인

마케팅 강백산, 강지연

펴낸이 이재일
펴낸곳 토토북
주소 04034 서울시 마포구 양화로11길 18, 3층 (서교동, 원오빌딩)
전화 02-332-6255
팩스 02-332-6286
홈페이지 www.totobook.com
전자우편 totobooks@hanmail.net
출판등록 2002년 5월 30일 제10-2394호
ISBN 978-89-6496-434-7 03980

60대 은퇴자들의 겁 없는 도전기

걷고, 밟고, 달리고 미서부 기행 8,800km

글·사진 김기인

큰솔

목차

2 길에서 과거를 만나다

미국서부 국립공원 차량투어 5,200km

3 구름 따라 걷다

존 뮤어 트레일^{JMT} 트레킹 360km

서문

　나는 왜 남들이 흔히 가지 않는 길을 가고자 하는 걸까? 아마도 평범함이 싫어서 일 게다. 그리고 남들처럼 그냥 그렇게 사는 인생이 재미가 없어서 일 게다. 어느 때부터인지 자연 속으로 빠지기 시작하더니 지금은 자연의 일부가 되고자 몸부림치면서 야생에서 머물기를 원한다.

　그동안 산을 사랑하며 찾아 다닌 산의 수가 얼마나 많은지 헤아릴 수가 없다. 산을 사랑하기 위해서 간 것이 아니라 나를 찾기 위해 산에 간 것이다. 때론 혼자서 때론 둘이서 그리고 여러 친구들과 많은 산을 다녔다. 특히 백두대간 지리산에서 설악산 진부령까지 그리고 8정맥을 다닐 때는 오로지 산만을 생각했고 자연 속에 푹 빠졌다.

　은퇴 후 나 자신과의 약속대로 의식주를 둘러메고 강화대교에서 시작하여 서해안 남해안 동해안을 따라 강원도 고성까지 야영을 하며 오로지 두 발로만 한반도를 한 바퀴 돌았다. 정말 아름답기 그지 없는 한반도의 자연을 접했고, 순수한 인간미와 정이 살아 있는 사람들을 만나 정성 어린 도움도 많이 받았다.

　2014년에 자전거 경험이 별로 없었던 친구 상규와 자전거 여행을 떠났다. 한강, 낙동강 자전거 길을 따라 서울에서 부산까지 가면서 자주 비를 만났다. 자연스럽게 일정이 연장됐고 비를 피해 제주도를 먼저 한 바퀴 돌고 다시 섬진강과 영산강 자전거 길을 따라 달리면서 친구와 함께 새로운 세상을 만났다.

2015년 직장생활 은퇴 및 환갑기념으로 친구들의 전폭적인 지지와 아들의 후원으로 평생 소원이었던 히말라야 트레킹을 나섰다. 젊은 시절 꿈꾸었던 사가르마타 꼭지점 8,848m를 만나는 일은 포기하고 75일간의 트레킹을 계획하고 떠났다. 하지만 전혀 예상치 못했던 강도 8.4, 7.4 두 차례의 지진을 만나는 바람에 남은 15일간의 트레킹을 포기하고 60일만에 돌아와야 했다. 그 과정에서 몇 차례의 죽을 고비를 넘기면서 자연에 대한 경외감이 더욱 커졌다.

2016년 다시 47일간 이탈리아반도 여행과 알프스 트레킹을하면서 유럽의 자연을 접하였고, 2017년도에는 해외 여행을 자제하고 강화대교에서 강원도 고성까지 야영을 하며 16일간 휴전선을 따라 걸었다.

1968년 12월 중학교 입학시험에 합격 통지를 받은 날, 아버님께서 용

돈을 주셨다. 그 돈으로 김찬삼의 '세계일주 무전여행기'를 사서 보았고, 그 때부터 지구를 한 바퀴 돌아봐야겠다는 야심 찬 꿈을 꾸게 되었다. 그 꿈이 끼친 잠재의식 때문인지 아니면 타고난 역마살 때문인지 집에 가만히 있지 못하고 어딘가 돌아다녀야만 살아있는 느낌이고, 늘 세계일주를 꿈꾸면서 살았다.

인생이란 여행이고, 여행은 나를 비우는 행위이다. 그래서 나를 채우고 있는 것들을 비우고자 2018년 5월 여행을 떠났다. 적은 돈으로 많은 곳을 돌아다닐 수 있는 방법이 자전거여행이었다. 첫 대상지를 미국 태평양 해안으로 정하고 출발 1년여 전부터 여행지에 대해 공부를 시작했다. 미국을 이웃 동네처럼 수시로 다니는 사람들도 있지만, 나는 태어나 처음 미국을 가보게 되었다.

우선 미국 자전거협회에서 발행하는 미국 태평양 연안의 자전거 도로 지도를 구입하고서 구체적인 일정을 계획했다. 날짜 별로 구간과 야영지를 정하고 중간 중간에 주변 관광지를 삽입하였고, 시에라네바다 산맥의 요세미티 지역에서는 트레킹 일정까지 포함시켰다. 그런데 태평양 해안의 자전거 길을 달리다 이탈하여 유명한 관광지까지 다녀오는 것이 매우 복잡하고 보통 어려운 일이 아니었다. 결국 자전거 일주와 차량여행, 존 뮤어 트레일 트레킹을 하나하나씩 연이어 진행하기로 했다.

자전거 여행은 국내 자전거 여행과 이탈리아, 알프스여행을 함께 했던 한상규가 동행하기로 했고, 평소 함께 일하는 친구 이윤석이 가담했다. 이윤석은 자전거를 오래 타본 경험이 없다며 사양하였지만, 그의 잠재능력을 알고 있는 나의 끈질긴 설득으로 합류하기로 했다. 그리고 미국서부 국립공원지역은 자전거 여행이 끝난 후 차량을 임대하고 한국에서 날아온 친구 이재일과 합류하여 돌아다니기로 했다.

"The best way to see the world is on foot!"이라는 말이 있다. 걷는 것이 세상과 만나는 최고의 여행이다. 존 뮤어 트레일John Muir Trail 트레킹은 한상규와 둘이서 하기로 결정하고 전체 일정의 큰 그림을 그렸다. 자전거 여행 38일, 차량 여행 11일, 존 뮤어 트레일 트레킹 21일, 기타 7일 모두 합쳐 총 77일간으로 계획을 잡고 세부 일정을 하나씩 확정해 나갔다.

존 뮤어 트레일JMT 트레킹을 하려면 요세미티 관광안내소에 168일 전

에 이메일로 입산허가를 신청해야 하는데 18일 동안 매일 '거절' 통보를

받다가 19일째 되는 날 가까스로 '허가증Wilderness Permit Reservation Confirmation'

을 받고 한국에서 출발일과 돌아오는 날을 최종 확정할 수 있었다.

도전적이면서 짧지 않은 여행을 미소로 허락해 준 아내와 응원을 아끼

지 않았던 딸 나현이와 아들 두현이가 있어 이 모든 게 가능했다. 걱정을

많이 해준 형제들도 고맙고, 다방면으로 후원을 해주고 격려를 아끼지 않

은 친구들도 고맙다.

1974년 경복고등학교를 함께 졸업하고 평소에도 자주 만나 등산 및 라

이딩을 즐긴 동기 동창들로 이번 여행에 동참하여 고락을 함께 나눈 한상

규, 이윤석, 이재일에게 특별히 감사하고, 고등학교 졸업 후 처음 만났지

만, 여행을 즐겁고 편안케 해준 캐나다에 사는 문형기, 미국에 사는 이정

우, 강태호, 문영칠, 김성한, 박남수, 김문성, 원창선, 한상욱에게도 감사

함을 전한다. 특히 학창 시절 잘 모르는 사이였는데 미국에서 처음 만난

유종배는 물심양면으로 많은 도움을 주었다.

LA를 지나갈 때 우리에게 푸짐한 가정식을 대접해 준 친구 김광연의

부인과 딸에게도 감사한 마음을 전한다.

마지막으로 여행하는 동안 크고 작은 도움을 준 많은 미국 시민들, JMT 트레킹 중 우연히 만났지만 관심과 격려를 아끼지 않은 LA 송화산악회 서보경 님과 야영 중 막국수를 말아준 교포 회원들께도 감사한 마음을 전한다.

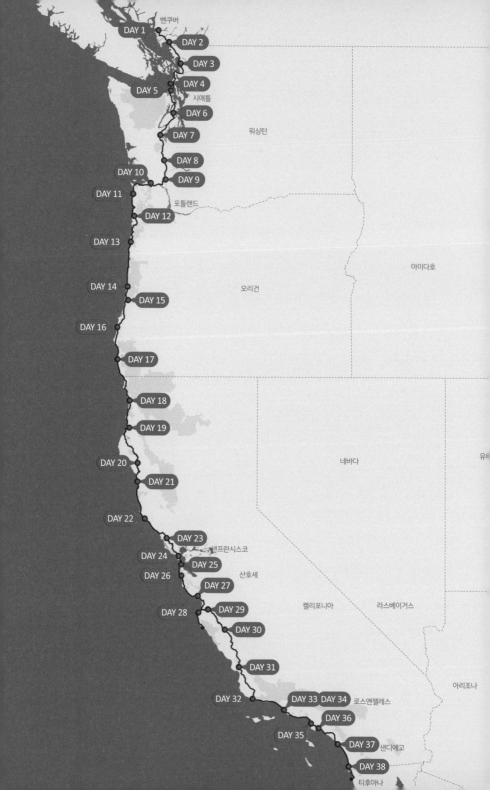

2018.05.31~2018.07.07

1

바람 따라
달리다

미태평양 해안 라이딩
3,200km

김기인

한상규

이윤석

대륙과 대양의 극적인 만남을 경험할 수 있는
미서부 해안길

고등학교 시절 처음으로 자전거를 타기 시작했다. 집안 형편 때문에 자전거를 살 형편이 못돼 가끔 자전거포에서 빌려 탔다. 버스 비용을 절약하려고 대학 시절 통학용으로 중고 자전거를 샀지만 단 한 번도 자전거를 타고 학교까지 간 적은 없었고, 응암동에서 임진각까지는 잘 타고 갔는데 돌아올 때 계속해서 체인이 빠져 엄청 고생을 했던 기억만 난다.

그 후로는 자전거 타는 일이 거의 없다가 결혼하면서 다시 타기 시작했다. 다리가 튼튼하여 쉬지 않고 장시간 탈 수는 있지만 특별한 기교는 부릴 줄 모른다. 지금은 고등학교 동기들과 동호회를 만들어 매월 1회씩 함께 타지만 하고 있는 일 때문에 자주 참석하진 못한다.

동호회는 친구들을 만나기 위한 수단이고, 평소 틈틈이 혼자서 자전거를 타 왔는데 이번 기회에 자전거 타는 일을 여행으로 연결시켰다. 두 번다시 하기 어렵고 누군가에게 쉽게 권하기도 망설여지는 아름답고 낭만적인 자전거 여행을 감행하였다.

캐나다 밴쿠버 공항에 문형기 동기와 후배가 마중을 나와 첫 출발이 순조로운 듯했지만, 난생 처음 접하는 캐나다 땅과 미국 땅에서 자전거 타기는 어렵고 힘들었다. 저 먼 멕시코 국경까지 갈 수 있을지 의심스러울 정도였다.

라이딩 초반부터 찬 비를 만나 추위에 떨어야 했고, 수많은 오르막 길에서는 무거운 짐이 달려있는 자전거를 힘겹게 끌고 올라가야 했다. 갓길이 없는 곳에선 차들과 앞서거니 뒤서거니 하며 위험천만하게 달려야 했고, 내리막 길에서는 가속도에 오금이 저려 잠시도 한눈 팔지 못하고 핸들을 꽉 잡아야 했다.

이런 위험한 길을 끝까지 달릴 수 있을까, 차라리 포기할까 고민을 하지만 다음 날이면 오늘도 괜찮겠지 하고 다시 페달을 밟았다.

워싱턴 주를 달릴 때는 길을 찾느라 자주 멈춰서야 했고, 오리건 주 해안도로를 달릴 때는 태평양 연안의 경치를 감상하느라 수시로 두 바퀴를 쉬게 했고, 캘리포니아 주 휴양지를 지날 때는 많은 행인과 차들로 인해 차라리 끌고 가는 게 더 쉬울 정도였다. 고속도로를 달리다 경찰에 적발되어 쫓겨나기도 했다.

어려운 고비에서 선량한 미국 시민들의 도움으로 여러 차례 어려움을 극복할 수 있었고, 그들로부터 칭찬과 격려의 'Awesome!' 소리를 들으며

'할 수 있다!'는 용기를 얻었다.

자전거 타는 일만큼이나 힘든 일은 수시로 먹거리를 챙기려 가게를 찾고, 잠자리를 찾는 일이었다. 자전거 여행 38일중 21일은 모닥불을 피우며 야영을 하고, 17일은 여러 사정에 의해 여인숙이나 모텔 신세를 져야 했다. 하루 평균 87km를 달리면서 전날 운동에 의해 체력이 보강된 새로운 날을 맞이한 듯 했지만 피곤함은 볏 짚단을 쌓아 올리듯 누적되었다.

라이딩이 매일 반복되고 익숙해지면서 점차 눈에 보이는 것이 많아지고, 보다 많은 즐거움을 찾게 되었다. 샌프란시스코에서는 강태호, 이정우, 문영칠, 김성한을 만나 고등학교 동기간의 정을 나누고, 북가주 동문 고교 야유회에 초대를 받아 열렬한 환영과 함께 오랜만에 맛있고 푸짐한 식사를 했다. LA에서는 김광연의 부인과 딸의 과분한 환대를 받았고, 유종배, 박남수, 김문성, 이정우 등을 만나 옛정을 되새겼다.

우리에게 주려고 밑반찬을 잔뜩 만들어 놓고 기다리던 시애틀의 원창선을 거리가 너무 멀어 만나지 못한 것과 샌디에고에 거주하는 한상욱을 갑작스런 개인사정으로 만나지 못한 것은 서로에게 안타까운 일이었다.

종착지인 미국과 멕시코가 만나는 국경에 도착했을 때의 감격은 이루 말할 수 없다. 38일간 재미 있는 사건은 많았어도 사고 없이 서로 격려하고 위로하며 함께 달린 두 친구에 대해 고마움의 눈물을 흘릴 수 밖에 없었다.

저전거 종주가 끝나는 날 미국 달라스에 살고 있는 상규 딸 미셸이 일부러 휴가를 내어 아버지 모르게 미국, 멕시코 국경에 나타났다. 상규 딸 미셸 덕분에 캔맥주 한 박스로 시원한 자축파티를 열 수 있었다.

'다음엔 어디로 갈까?' 또 한번의 즐거운 도전을 꿈꾸며 미서부 자전거 길 3,234km 라이딩을 무사히 마쳤다.

드디어
출발이다!

모든 준비가 끝났다. 캐나다 밴쿠버로 날아가면 된다. 고맙게도 재일이가 일부러 시간을 내어 집까지 SUV차량을 몰고 와서 박스에 포장한 자전거 등 짐을 싣고 인천공항으로 떠난다. 상규는 버스를 이용하고, 윤석이는 아들이 바래다준다고 했다. 윤석이와 영종대교 휴게소에서 만나 간단하게 점심을 먹고 공항으로 간다. 상규는 이미 도착해 있다.

출국수속을 받는 중 윤석이의 포장된 자전거 무게가 26kg이나 되어 제한 무게 23kg에 맞게 다시 포장한다. 그리고 재일이와 7월 8일 LA공항에서 만날 것을 약속하고 헤어진다. 돌아와 다시 만날 수 있을지 모르는, 투병 중의 남수와 통화하고, 늘 고맙고 사랑스런 아내와 통화하고, 걱정 많은 딸 나현이 전화를 받는다.

모든 수속을 마치고 북경행 비행기에 오른다. 북경공항에서 5시간의 환승 시간을 보내고 다시 캐나다 밴쿠버행 비행기에 오른다. 북경 시각으로 자정이다. 오랜만에 겪는 장거리 비행은 고행 그 자체다. 잠을 자기도 어렵고 시간도 흐르지 않는다. 그러나 고도 11km 상공에서의 식사와 맥주 한 잔이 여행의 긴장을 다소 풀어준다. 밴쿠버에서 캐나다 입국 수속은 절차가 까다로와 은근과 끈기를 요구한다.

자전거 세 대를 실을 수 있게 짐칸을 깨끗이 정리한 SUV차량을 몰고 친구 문형기와 후배 신인식이 마중을 나와 짐을 싣고 예약된 숙소에 도착했다. 숙소가 있는 동네는 좀 지저분한 슬럼가 느낌이다.

우리는 인근 술집에서 생맥주를 마시며 잠시 그 동안 살아온 이야기를 나눴다. 형기는 고교 졸업 후 서로 연락이 없다가 이번 여행을 위해 또다른 동기 나종태로부터 소개를 받고 아주 오랜만에 만났다. 그럼에도 어제 만났던 친구처럼 전혀 낯설지 않다. 형기는 학창시절에도 항상 모범적이었던 친구였는데 지금은 밴쿠버에서 목회활동을 열심히 하고 있다.

자전거는 박스 포장 그대로 차에 두고, 내일 3,200km 자전거길 출발지인 베니에 공원까지 다시 형기가 배달해 주기로 했다. 우리 숙소는 도심에서 조금 벗어난 외곽에 위치한다. 거리에는 술에 취했는지 약에 취했는지 비틀거리는 사람들도 보이지만 우리가 크게 신경 쓸 일은 아니다. 우리는 자전거만 타면 된다. 숙소는 이층침대 둘이다. 황혼의 나이에 돈을 주고 사서 하는 고생, 가슴 설레는 도전의 시작이다.

첫 날부터
'Follow Me!'

05.31.금　밴쿠버 ➡ 피스아크 야영장

비행기 안에서 낮잠을 자서 그런지 밤잠을 설친다. 새벽 3-4시에 잠이 깨어 엎치락뒤치락한다. 윤석이도 상규도 마찬가지다. 시차 때문인가 아니면 긴장, 설렘 때문인가? 낯선 곳에 적응이 되지 않아선지도 모르겠다. 6시에 근처 햄버거 가게에서 간단히 아침식사를 한다. 이른 아침에 우리가 취할 수 있는 최선의 식사다. 슬럼가 근처이어서 그런지 허름한 복장에 어설픈 행동거지를 보이는 사람들이 자주 눈에 띈다.

　좀 더 일찍 출발할 수 있었지만 약속한 8시에 주인으로부터 방 열쇠에 대한 보증금 10캐나다달러를 받기 위해 기다린다. 다행히 주인이 조금 일찍 출근한다. 지도상으로 오그든 애브뉴와 사이프러스 스트리트가 만나는 베니에 공원을 향해 버라드만을 따라 배낭을 짊어지고 떠난다. 처음 접하는 밴쿠버의 아침 풍경이 이채롭고 깔끔한 느낌이다. 자전거로 출근하는 사람이 많이 보이고 조깅하는 사람도 많이 보인다. 지도를 보며 가는데도 라이딩 출발점인 베니에 공원을 찾기가 쉽지 않다.

길을 헤매다 어렵사리 목적지에 도착을 하고, 잠시 후 형기가 도착하면서 자전거 조립이 시작된다. 분해할 때보다 조립이 더 까다롭다. 여러 차례 시행착오를 겪으면서 시간이 꽤 걸린다. 그 사이 형기가 햄버거를 사가지고 와서 잠시 허기를 달래며 담소를 나눈다. 다른 일정이 있는 형기는 집으로 돌아가고 다시 조립을 계속한다. 모든 준비를 마치고 지나가는 행인에게 출발점에서 기념 사진을 부탁한다.

오후 1시 자전거길 대장정의 첫 페달을 힘껏 밟는다. 그런데 출발부터 숨이 차다. 의욕이 지나치게 앞섰던 모양이다. 처음부터 약간의 비탈길인데 신호등까지 자주 나타나 힘들고 현기증이 난다. 겨우 3km 정도 지

출발점인 밴쿠버 베니에 공원에서의 자전거 조립이 쉽지 않다

23

나고 길을 헤매기 시작한다. GPS와 자전거도로 지도를 참고하지만 동서남북을 확인하기가 쉽지 않다. 마침 자전거를 타고 가던 예쁜 현지인 두 누님에게 도움을 요청한다.

"누님! 써리로 가려고 하는데 어느 쪽으로 가야 하나요?"

"어디서 왔어요?"

"한국에서요."

"아이고 대단해요, 대단해! 하지만 우리와는 길이 다르니 같은 방향으로 가는 사람을 찾아 소개해 줄게요."

누님들을 따라 가면 더 좋을 텐데 10여세 연상의 노인을 소개받는다. 두 누님으로부터 우리 이야기를 전해 들은 형님께서는 연신 "Follow me!"를 외치며 길 안내를 한다. 따라가기 바쁘지만 엄청나게 큰 도움이다. 헤어질 때 꼭 껴안으며 고마움을 표시한다.

그러나 그게 끝이 아니었다. 굴곡이 있는 고가도로를 건널 때는 달리는 차들 때문에 공포를 느낀다. 대부분의 차량들은 속도를 줄이며 배려를 해주지만 일부 차량은 우리가 눈에 보이지 않는 듯 무서운 속도로 옆을 지나친다.

또 다시 젊은 친구들로부터 길 안내 도움을 받아 지름길을 찾았으나 이번엔 비포장에 물 웅덩이, 자갈길, 모래밭 길의 연속이다. 길 옆에는 흐르는 듯 마는 듯 조용한 개천이 있고 그 건너에는 기찻길이 있어 걸어서 산보하기에는 아주 멋진 공원길이지만 자전거 타기에는 고역스런 길이다.

"Follow me!'를 외치며 길을 안내해준 형님과 함께 프레이저강 위 자전거전용도로에서

많은 사람들이 어디까지 가냐며 묻는데 멕시코 국경까지 간다니까 모두 놀라고 격려한다.

갈림길이 나올 때마다 GPS에 도움을 청하지만 그래도 판단이 서지 않는 경우가 많다. 이번에는 지저분한 콧물이 그렁그렁 긴 수염까지 흘러내린 친구로부터 꽤 먼 거리까지 안내를 받는다. 친절하게 "Follow me!"를 하는 친구들이 많다.

안나시 하이웨이에 도착한다. 프레이저 강을 건너는 다리를 넘어야 하는데 간단치 않다. 아치형 언덕길처럼 상당한 경사가 있고, 길도 아주 좁고 길다. 상규와 윤석이는 그래도 잘 타고 넘어간다. 나는 힘들기도 하지만 자칫 사고를 당할까 걱정돼 처음부터 자전거를 끌고 간다. 내가 많이 늦으니 걱정이 되었는지 윤석이가 마중을 나온다. 윤석이도 오금이 저릴 정도로 겁이 났단다. 길이 험하고 힘들어서인지 평균 시속이 10km도 되지 않는다.

오늘 야영하기로 계획했던 벨링햄 국립공원까지 가는 것을 포기하고 써리 인근에 있는 피스아크 야영장을 찾아간다. 이곳은 캠핑카 위주의 야영장이라 우리에겐 낯선 곳이다. 이용료가 한 팀에 36캐나다달러인 줄 알고 좋아했는데 알고보니 1인당 비용이란다. 108캐나다달러가 좀 부담스러웠지만 지치고 늦은 시각에 더 갈 곳이 없다. 그때 옆에서 우리를 유심히 지켜보던 동양인 아주머니께서 우리 말로 "한국인이세요?" 하고 물으신다.

오랜 세월 잊고 살았던 친척 누님을 만나는 느낌이다.

"네, 그런데 야영장 사용료가 꽤 비싸네요! 원래는 벨링햄 국립공원에서 야영하기로 했는데 늦어서 이리로 왔습니다."

"아, 그래요? 일단 카운터에 결제하고 두 시간 후에 다시 오면 30%를 돌려 주께요. 내가 주인이지만 종업원들의 자존심도 있으니 그들이 보는 앞에서 당장 해줄 수는 없어요."

그리고는 "식사는 했어요?" 물으며 자전거로 10여분 거리에 있는 수퍼마켓을 소개해 주신다.

셋은 지친 몸을 이끌고 한참을 헤맨 후에 상점을 찾았고, 먹거리를 푸

자전거에 매달고 다닌 자랑스런 깃발

짐하게 준비한다. 와인 두 병까지 챙긴다. 첫 날 무사고 라이딩을 자축하기 위해.

다시 야영장으로 돌아와 텐트를 설치하고 라면을 끓이려고 보니 버너 연료를 깜박했다. 상규가 야영장 주인 누님을 찾아가 도움을 청했더니 커다란 냄비에 파 등 양념까지 곁들여 맛있게 끓여주신다. 게다가 엄마표 김치까지 푸짐하게 내주신다. 첫 인상 첫 느낌 그대로 정 깊은 누님이시다.

그리고 70미국달러를 돌려주는데 캐나다 돈으로 108달러를 내고 미국 돈으로 70달러를 돌려 받았으니 거의 공짜로 야영하는 셈이다.

이곳을 30년째 운영 중이고, 고국에서 온 귀한 손님들을 만나니 반갑고 행복하시단다. 그 행복해 하시는 표정이 아주 편안하고 따스하게 느껴진다. 첫 날부터 횡재한 기분에 밤이 깊어가는 줄 모르고 와인을 마시며 오늘 있었던 문제점과 내일의 일정을 의논하다가 자정이 넘어서야 긴 하루를 마감한다.

수백 명의 남녀가 나체로 자전거 행렬을 이루다

06.01.금 피스아크 야영장 ➡ 라라비 주립공원

겨우 세 시간을 자고 5시에 잠에서 깼지만, 이것저것 준비를 하다 보니 9시가 다 되었다. 좀 더 부지런을 떨어야 할 것 같다. 그래도 하루가 지났다고 페달 밟기가 어제보다는 한결 부드럽다. 곁눈질로 틈틈이 주변 경치를 즐기고, 때론 배려심 없는 운전자 때문에 위협을 느끼면서 달리다보니 어느덧 캐나다와 미국 국경에 다다른다.

세관 검색 게이트에 엄청나게 많은 차들이 여러 줄을 서있고 한 줄만 비어있다. 무슨 뜻인지 알 수 없는 'NEXUS'라고 간판이 붙어있는데 어느 할머니 운전자가 친절하게 말을 건넨다.

"특별 카드가 있나요? 이 줄은 국경 근처에 사는 사람만 통과할 수 있어요."

어리둥절해 하고 있는 우리에게 "도보 여행자와 자전거 여행자는 저 쪽으로 가세요."하며 가야 할 곳을 손짓으로 알려준다.

입국 심사관이 질문을 던진다.

"무슨 일로 왔습니까?"

"여행 왔습니다"

"어디를 여행하려고요?"

"일단 자전거 타고 샌디에고까지 가서, 차량을 이용하여 그랜드캐니언, 데스벨리 등 국립공원들을 여행하고, 그 다음에는 존 뮤어 트레일을 트레킹하려고 합니다."

"정말이요? 그게 가능합니까? 미친 짓 아니에요? 대단합니다. 아무튼 조심해서 다니고 입국을 환영합니다."

입국 절차를 마치고 처음으로 미국땅에 들어서자마자 아이스크림부터 사먹는다.

캐나다-미국 국경 세관 앞에서

벨링햄을 향해 달린다. 달리고 달려도 제자리 걸음을 하는 듯한 일직선 도로를 한없이 달린다. 미국 자전거협회에서 발행한 지도를 따라 달리고 있건만 자전거길이라는 표시는 어디에도 없다. 그냥 보통의 자동차 길이고 갓길이라도 있으면 좋으련만 그마저도 없다. 뒷통수에 눈이 달린 것이 아니니 뒤에서 오는 차의 선의를 믿고 차도를 달린다.

자전거용 GPS를 파는 상점을 찾고자 5번 하이웨이로 접어든다. 그런데 그게 실수였다. 갓길에는 잔돌 부스러기, 유리조각, 쇳조각 등 위험물질 천지다. 누군가 갓길에서 펑크 수리를 하고 있다. 사고 없이 빠져 나온게 다행이다. 벨링햄에서 10GB 용량의 휴대폰을 구입하고 약간의 먹거리도 준비한다.

몸이 무너질 듯 피곤하다. 낮잠을 푹 자고 싶지만 오늘은 가까운 야영장을 찾아가 일찍 마감하기로 한다. 새로 장만한 휴대폰으로 GPS를 켜고 자전거도로를 찾아 달리지만 자전거 전용도로는 실제로는 없다시피 하다.

벨링햄 시내에서 쉬었다가 다시 출발하려는데 자전거 체인이 이탈된다. 상규와 윤석이는 먼저 출발하여 보이질 않는다. 한참 혼자서 씨름하고 있는데 나를 찾기 위해 상규와 윤석이가 되돌아 온다.

체인을 수리하고 있는데 갑자기 주변이 시끄럽다. 수 백 명의 남녀가 거의 나체로 자전거를 타고 도로를 꽉 채우며 지나간다. 인습을 벗어던진 순수한 모습을 보여주며 마냥 즐겁고 행복한 표정들이다. 우리도 그 대열에 동참하라는 권유를 받았지만 갑작스런 상황에 용기가 나지 않는다. 넋을 잃고 눈요기를 하고 나서 다시 페달을 밟는다.

자전거의 메카임을 자부하는 밴쿠버조차 벨링햄을 본받으려 할 정도로 벨링햄은 자전거도로가 아주 잘 정비되어 있다고 한다. 미국에서 녹지가 가장 많고 훌륭한 자전거도로망을 갖추고 있는 벨링햄이지만, 우리는 그 어느 쪽도 즐기지 못하고 길을 찾아 통과하기가 바쁘다. 이색적인 나체 자전거 행렬을 본 것만도 대단한 행운이다. 해마다 6월 1일이면 이 행사가 개최된다고 하는데 두번 다시 구경하게 될까?

상규가 새로 구입한 휴대폰에 의지해 길을 찾으려 자주 멈춘다. 중간에 체인이 또 말썽을 부린다. 자전거에 근본적인 문제가 있는 것 같다. 갓길 없는 왕복 이차로 산길을 달린다. 뒤따라 오던 차들이 반대편 찻길로 우리를 추월할 때는 오금이 저리다.

우리도 대열에 동참하라는 권유를 받았지만 갑작스런 상황에 용기가 나지 않았다

벨링햄 시내를 차와 함께 달린다

　그런데 GPS 오독으로 야영장을 지나치는 바람에 6km 거리를 다시 되돌아간다. 우리 모두의 잘못이니 짜증을 내는 사람은 없다. 오후 8시가 되어서야 야영장에 도착한다. 라면에 와인을 곁들이니 피로가 풀리는 듯하다. 씻는 것도 생략하고 오늘도 자정을 넘기고 잠이 든다. 야영장 근처를 지나가는 기차 소리를 자장가 삼아.

라라비 주립공원

92km, 11시간 20분

피달고 섬 벌링턴

오크하버

포르 에베이 카마노 섬
주립공원

10년만에
한국 손님을
처음 만난 한인교포

06.02.토 　 라라비 주립공원 ➡ 포르 에베이 주립공원

안전 사고가 나면 아무것도 할 수 없다. 그래서 오늘도 우리는 '안전! 안전! 안전!'을 외치며 출발한다. 알바를 해서 지나쳤던 길을 되돌아 가는 일도 즐겁다. 자전거를 타는 그 자체가 즐거운 것이다. 통행 차량들의 배려로 갓길 없는 내리막 길도 즐기고, 가도 가도 끝이 보이지 않는 일직선 길을 만난다.

　사흘째, 이제 제대로 된 자전거 여행이 시작되는 듯하다. 잠시 휴식 중 흙먼지를 하늘로 올려 보내는 작은 회오리 바람을 목격한다. 끝없이 이어지는 굴곡 없는 길을 달리며 미국을 조금씩 음미해 본다. 넓은 벌판에 차들만 보이고 행인은 전혀 보이지 않는다.

　쉬지 않고 달리다 보면 자꾸 사타구니가 쑤시고 왼손이 저리다가 마비가 된다. 이제 겨우 3일차인데 걱정이다. 선두를 달리는 상규는 쉴 생각을 않는다. 아마 무아지경의 최상의 상태로 달리는 모양이다. 급기야 두 번째로 가던 윤석이가 쉬었다 갈 것을 요청한다.

큰 땅덩어리에 비하면 폭이 좁은 도로가 마음에 들지 않지만 착한 마음씨를 소유한 운전자들의 배려를 믿고 달린다. 힘든 오르막, 상쾌한 내리막, 고통스런 오르막, 즐거운 내리막의 연속이다.

날씨가 더워지니 물을 많이 마시게 된다. 첫 날보다는 많이 따뜻해지기는 했어도 한국의 초가을 날씨다. 간혹 GPS 판독 잘못으로 뺑뺑이도 즐겨본다. 늘 안전하게, 즐겁게, 천천히, 꾸준히 Safety, Smile, Slowly, Steady 4S.를 강조하며 안전을 최우선으로 하고 라이딩을 즐긴다. 그러다 보니 욕심만큼 주변 경치에 신경을 쓰지 못한다.

석양이 아름답다는 디셉션 패스 다리 Deception Pass bridge 에 이르니 엄청나게 많은 관광객이 몰려 차량들이 게걸음이다. 험한 협곡 56m 위에 1935년에 세워진 이 다리는 길이가 303m에 이른다. 1792년 조지 밴쿠버의 탐험대가 처음 이곳을 발견하고 만bay인줄 알았는데 나중에 알고 보니 해협이었다고 하여 그 후로 디셉션 패스라고 부른다.

경치 좋은 곳을 배경으로 기념촬영을 하고 급히 통과한다. 디셉션 패스 주립공원 내 카노해협이 관광지로 꽤 유명한 모양이다. 허기를 달래려 인근에 있는 사운드뷰 수퍼에 들어간다.

"어? 신라면이 있네!"

"여기에 부탄가스도 있다!"

한국인을 10년만에 처음 만났다는 마음씨 착해 보이는 한인 부부

계산대로 가니 주인인듯한 아저씨가 한국말을 한다.

"한국에서 오셨어요?"

"어! 한국 분이시네!"

"10년째 가게를 운영하는데 우리 가게에서 한국 분은 처음 만납니다."

하며 무척 반가워한다. 우리보다 3살 아래인데 우리를 몹시 부러워하며

우리를 따라 다니고 싶단다. 부인은 이 지역에서 이름이 알려진 작가인

모양이다. 지역 잡지에 게재된 글과 사진을 보여주며 은근히 자랑한다.

"앞마당을 무료로 제공할 테니 하루 밤 자고 가세요. 저녁도 차려 드릴

게요!"

"감사합니다만 오늘 일과를 마치기엔 너무 이른 시각이고, 갈 길이 멀

어서 떠나야 할 것 같습니다. 기회가 되면 다시 한번 들르겠습니다. 건강

하세요."

유명 관광지 디셉션 패스 주립 공원 내 Deception Pass Bridge

인심 좋아 보이는 부인이 호의를 베풀려했는데 받아들이지 못해 아쉽다. 몹시 서운해 하면서 즐겁게 여행하라며 육포 한 봉지를 선물로 건네준다. 나도 이곳에서 야영을 하며 색다른 추억거리를 남기고 싶지만, 갈 길은 멀고 예정대로 일정을 소화하지 못할까 걱정이 앞선다. 동행한 친구들의 생각은 어떨까? 미안한 마음에 묻지 않는다.

자전거를 끌기도 하고 여러 차례 길을 헤매기도 하지만 지나가는 차량들의 끝없는 응원이 이어진다. 때론 위험한 도로, 때론 한적한 도로의 연속이다.

오르막과 내리막이 쉴새 없이 반복된다. 오크 하버로 가다가 갈라지는 해안도로 웨스트 비치 로드는 지나는 차량이 거의 없고 갓길도 넓다. 바다는 보이지 않지만 길 양 쪽으로 숲이 이어지고 드문 드문 집들이 자리하고 있는 상당히 운치가 있는 도로다. 마치 우리가 도로 전체를 전세 낸 기분이다.

막판에 포르 에베이 주립공원으로 가는 길을 사람들에게 물어 물어 찾아가는데 감당하기 어려운 엄청난 오르막과 내리막이다. 그럼에도 숲 속에 오롯이 자리잡은 야영장은 이용료가 12달러에 불과한 환상적인 금액이다. 꿈같은 야영을 즐기면서 시간 가는 줄 모른다. 그런데 오늘도 한국과 통신이 되지 않아 아내와 아이들이 걱정하고 있을까봐 몹시 신경이 쓰인다.

포르 에베이 주립공원

쿠프빌

29km, 4시간 50분

포르케이시

포트 타운센드

선상 상점 아주머니가
물 3통을 선물하다

06.03.일 포르 에베이 주립공원 ➡ 포트 타운센드

전날의 피곤함이 풀렸는지 모두 아침 일찍 일어난다. 그런데 공원을 나와 시작부터 길을 헤맨다. 인터넷 연결 상태가 좋지 않아 GPS를 사용할 수가 없다. 종이 지도를 이용하면 될 텐데 휴대하고 있다는 것을 잊어버렸다.

심심치 않게 비가 온다. 비 오는 날엔 자전거 타기가 불편하지만 거부할 수 없는 자연 현상이다. 즐겁지 않지만 즐거운 척 하면서 우비를 입고 지나는 차량에 길을 물어 전진한다. 갓길은 아주 좁고 비는 엄청 쏟아지고 차량들은 쌩쌩 달리고 손과 발은 축축하게 젖어 얼었고 저리기까지 하다. 몸은 고달프나 그래도 마음은 가볍다.

수 차례 GPS를 확인하면서 길을 헤매다 겨우 페리 선착장에 도착한다. 추위에 떨며 허기진 배를 어제 선물로 받은 육포로 달랜다. 선상에서 핫도그와 음료를 먹고 나니 상점 주인아주머니가 우리에게 관심과 응원을

처음이라 튜브를 교체하기가 쉽지 않다

보내며 물 3통을 선물하신다.

2시에 출항한 배는 30분만에 포트 타운센드에 도착한다. 하선을 하고 보니 윤석이 자전거 앞 바퀴가 펑크가 나있다. 비를 피할 겸 가까운 커피 숍에 들어가 커피를 마시며 몸을 녹인 후 상규는 가까운 모텔을 찾아 예약하고 윤석이는 튜브를 교체한다.

숙소에 도착하여 우선 아내와 통화를 한다. 연로하신 장모님도 안녕하시고, 두현이 나현이도 아무 일 없이 직장 잘 다니고 있다며, 집안 일은 걱정 말고 편한 마음으로 안전하게 다니라고 오히려 나를 안심시킨다. 오늘 주행거리는 29km에 불과하지만 지금까지 가장 힘든 날이다. 이제 시작인데 갈 길은 멀고 예정된 일정보다 많이 늦다. 그래도 안전이 제일 우선이니 일정 걱정은 나중에 하자. 휴식과 정비를 위해 비장의 예비일을 계획해 두었다. 집을 떠난 지 5일만에 샤워하고 빨래도 한다.

포트 타운센드

69km, 7시간 30분

위드비 섬

포트갬블

베인브리지섬

실버데일

시애틀

LA 친구 유종배에게
JMT용 배낭을 보내다

06.04.월 포트타운센드 ➡ 실버데일

잠을 깨니 비가 내리고 있다. 어제 내리던 비가 계속 내리는 것이다. 어제처럼 비를 맞으며 진행해야 하나, 아니면 비가 그치기를 기다려야 하나? 옆 방의 프랑스 친구는 망설임 없이 자전거 앞뒤에 6개의 가방을 달고 바람처럼 어디론가 사라진다. 우리도 그래야만 할 것 같다.

우선 라이딩에 필요 없는 것을 정리하기로 한다. 존 뮤어 트레일에서 사용할 배낭과 스틱, 등산화 등을 LA에 사는 친구 유종배에게 보내기 위해 걸어서 우체국을 찾아 나선다. 상규와 우체국에 도착해보니 아뿔싸 종배 전화번호와 주소를 숙소에 두고 왔다. 다시 숙소로 돌아가 우여곡절 끝에 짐을 종배에게 부친다.

비가 그치고 11시30분에 세탁물을 찾아 GPS를 켜고 떠나자마자 또 비가 온다. 비가 온다고 가만히 머물러 있을 수는 없다.

41

푸근해 보이는 과일가게 아줌마

한적한 숲길을 지나고 갓길이 넓은 자전거도로를 달리다 비도 피할 겸 길가 과일가게에 들러 딸기, 수박, 멜론 등을 사먹는다.

"어서오세요. 어디서 오셨어요?"

"한국에서요."

"아니요. 어디서부터 자전거를 타고 왔냐구요?"

"밴쿠버에서 출발하여 샌디에고까지 갈 예정입니다."

"어머, 그러세요. 대단해요. 그렇게 멀리 가려면 잘먹고 다녀야 하는데 여기에 있는 과일들이 큰 도움을 줄겁니다. 많이 드세요."

오랜만에 먹는 과일이라서 그런지 꿀맛이다. 주인 아주머니의 붙임성이 아주 좋다. 말이 잘 안 통해도 금세 한 동네 오랜 이웃처럼 정이 들 것 같다.

오늘은 대체로 착한 길이지만 주행거리가 너무 짧다. 오후가 되면서 비가 그쳐 자전거 타기에 아주 쾌적한 날씨도 변했다. 그러나 오전에 출발이 늦어 멀리 가지 못하고 실버데일에서 모텔로 찾아든다. 당초 목적지인 주립공원 야영장은 너무나 멀리 있어 선택의 여지가 없다. 상규의 제안으로 저녁을 바비큐로 한다.

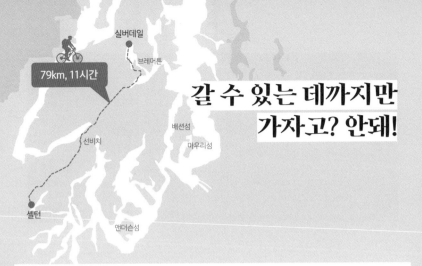

79km, 11시간

실버데일

브레머튼

배션섬

마우리섬

선비치

셸턴

앤더슨섬

갈 수 있는 데까지만 가자고? 안돼!

06.05.화 실버데일 ➡ 셸턴

아침에 보니 숙소 주인이 한국인이다. 우리보다 세살 아래로 1999년에 이민 왔단다. 엊저녁 종업원이 결제한 보조침대 비용 10달러는 돌려주겠단다. 방값은 비싸고 아주 비좁아 더블침대 하나에 억지로 보조침대를 껴넣을 정도다. 게다가 불안하게 자전거는 모두 밖에 두어야만 했다.

주인은 우리에게 과일과 약간의 빵을 싸주며 격려를 한다. 근처 자전거점에 들러 윤석이 자전거에 받침대를 설치하고 브레이크 패드도 교체한다. 생각보다 가격이 저렴하다. 윤석이는 자전거를 새로 준비한 느낌이라며 매우 좋아하는 표정이다. 날씨가 쌀쌀해 모두 옷을 두텁게 입고 10시경 출발한다.

처음 들어선 길이 공사 중이고 이어지는 길도 아주 훌륭한 편은 아니지만 차량 운전자들이 상당한 배려를 해준 덕분에 안심하고 라이딩을 한다.

43

야생화가 만발한 비포장 벌판 길

그럼에도 끊임없는 오르막과 내리막에서는 긴장을 늦추지 못한다. 우리
나라 초가을 날씨 느낌이 들 정도로 약간 쌀쌀하고, 들국화 등 우리나라
에서 흔히 볼 수 있는 야생화들이 지천이다. 난생 처음 보는 꽃들도 많다.

오늘로서 겨우 6일째인데 예정보다 하루 반나절이나 늦다. 상규와 윤
석이는 힘이 드는지 자꾸만 갈 수 있는 데까지만 가자고 하며 자주 쉬고
싶어 한다. 나도 피곤하긴 하지만 좀 부지런을 떨면 매일 예정대로 할 수
있다고 생각한다. 규칙을 정해놓고 시간을 보아가며 잠깐 쉬면 될 것을
필요 이상으로 너무 오래 쉰 것 같다. 오래 쉰다고 해서 몸 상태가 좋아지
는 것도 아니다. 친구들 눈치 보며 가만히 있으려 해도 그게 잘 되지 않아
먼저 일어나 갈 길을 재촉한다.

상규가 몸 상태가 좋지 않은지 속도가 느려진다. 한국에서 출발하기 전
에 자전거를 타다가 넘어져 갈비뼈에 살짝 금이 생겨 의사에게 무리한 운
동은 삼가라는 경고를 받았단다. 윤석이는 상대적으로 펄펄 난다. 자전

거를 수리하고 나더니 기분
이 상당히 좋은 모양이다. 나
는 이도 저도 아닌 중간이다.

하지만 나는 어떻게든 목표
대로 하고 싶다. 상규는 주행
거리를 차차 늘려가야 한다
고 주장하지만 초반부터 너
무 처지면 복구하기 힘들어
진다. 두 친구가 길동무로 꼭

자전거 수리공이 마치 사무직 근로자처럼
인상과 옷차림이 깔끔하다

필요한데 도중에 포기를 할까 봐 걱정이다. 반드시 당초 목적지인 샌디에
고까지 갈 필요가 없다고 생각한다면 어떻게 해야 하나? 헤어져야 하나?
혼자서 가능할까? 고민스럽다. 끝까지 갈 의지가 있는지 확인해 봐야겠
다. 함께 시작하였으니 함께 끝을 봐야한다.

비록 늦게 출발했고 자주 쉬기는 했어도 엘마까지 갈 수 있을 것 같기
도 한데 아무래도 남은 3시간 동안 52km 거리는 무리인듯하다. 셸턴에
서 머물기로 하고 숙소를 예약하고 먹거리를 준비한다. 이곳 주인도 또
한국인이다. 숙소를 운영하는 한국인이 꽤 많은 모양이다. 이곳으로 이
주한 지 20년이 되었단다.

GPS와 종이 지도의 장단점

셸턴

100km, 9시간

캐피톨 주립 산림공원

올림피아

센트레일리아

06.06.수　셸턴 ➡ 센트레일리아

아침에 일어나니 모두들 아픈 곳이 없어 다행이다. 날씨가 화창하다.

　한국인 모텔 주인이 안 해도 될 말참견을 많이 한다. 어디가 좋고 어디로 어떻게 가야 하고 등등 너무 심할 정도다. 물론 오랜만에 고국의 동포를 만났고, 그 동안 사용하지 못했던 한국어를 사용하니 신이 났을 만도 하다. 도와주고 싶은 마음을 충분히 이해하기에 부드럽게 말을 돌려 더 이상 말참견을 못하게 한다.

　10시 숙소를 출발하자마자 엄청난 비탈길이다. 알 수 없는 길을 헤매는 것은 흔한 일이 됐다. 언덕길을 오르니 그림같이 조용한 동네가 나타난다. 이어지는 길은 차량 통행도 별로 없고 살며시 내려가다 살며시 올라가는 아주 유쾌한 길이다. 3km 넘게 지속되는 오르막길을 모두 힘겹게 페달을 밟으며 쉬지 않고 올라간다. 모두들 대단하다.

관리인이 없는 곳에서는 무료로 야영을 한다(해리슨 공원 야영장)

다시 길게 이어지는 평지길. 기어를 변속하는 딸각거리는 소리조차 들리지 않는 평화로운 순간이 있어 좋다. 보통은 하루에도 수 백 번의 기어 변속을 해야만 달릴 수가 있다. 엘마까지 40여km 구간은 아주 순하고 편한 길이다.

주유소 가게에서 시원한 음료수를 마시고 로체스터까지 기복 없이 쭉쭉 뻗은 도로를 신나게 달린다. 다리는 괜찮은데 달릴수록 엉덩이가 아프고 손목 저림 현상이 나타난다. 우리는 지름길보다 안전한 길을 원한다. 12번 고속도로를 7km나 달리고나서 다시 한적한 길로 접어든다.

오늘만 같다면 여유 있게 즐기며 탈만하다. 상규가 길을 찾느라 고생이 많다. 그런데 종이지도는 볼 생각을 않고 GPS에만 의존한다. GPS는 운행 중에 보기가 편하고, 종이 지도는 정지 상태에서 봐야하기 때문에 불

상규가 열심히 길찾기를 하고 있다

편하지만, 전체적인 길을 확인하기에는 종이 지도가 더 편하다. 해리슨 공원에 도착했으나 관리사무실 문이 잠겼다. 주변 캠핑차량에서 장기 거주하는 사람에게 야영장의 위치를 물어 텐트를 설치한다. 오늘은 와인도 없이 쓸쓸히 샤워만 하고 일찍 잠든다.

센트레일리아

87km, 11시간

카울릿츠강

캐슬 록

컬럼비아강

예비일에도 자전거를 타다

06.07.목　센트레일리아 ➡ 캐슬록

관리사무실에 사람이 없어 그냥 떠난다. 야영장 사용료를 지불하고 싶어도 방법이 없다. 그렇다고 언제 올지 모를 관리인을 마냥 기다릴 수도 없는 노릇이다. 10km구간의 도심을 벗어나기 위해 길 찾는 시간이 너무 많이 걸린다. 도심을 벗어나자 2km 정도 오르막을 쉬지 않고 오른다.

비는 오락가락하다가 곧 그친다. 오르막과 내리막이 또 반복된다. 로간 길로 접어들면서 통행 차량이 거의 없어 행복하다. 그런데 상규는 왼쪽 무릎 아래, 윤석이는 양 손목이 아프단다. 나는 오른쪽 어깨가 쑤신다. 모두 몸상태가 불안정하다. 상규와 윤석이에게 스포츠테이프를 붙여주지만 효과가 금세 나타날지 모르겠다.

어제에 비하여 오르막과 내리막이 더 심하고, 오후 햇볕이 무섭게 뜨겁다. 톨레드에서 휴식을 취하며 가볍게 맥주와 콜라를 마신다. 이어지는 도로는 차량이 거의 없는 숲길이다. 왼손 전체가 저리면서 둘째 손가락에 마비가 온다. 휴식 중 매사츄세츠 주에서 온, 아버지와 아들을 포함한 4인조 라이딩 팀을 만난다.

"반갑습니다. 어디까지 가세요?"

"6월2일 밴쿠버에서 출발하여 샌디에고까지 가는 중입니다. 저 뒤에 내 아들이 오고 있습니다. 여기 두 사람은 친구고요."

우리보다 이틀 늦게 출발하여 일주일 만에 우리를 만난 것이다. 지금까지는 그들이 우리보다는 빠른 팀이다.

캐슬록에서 자전거 길을 벗어나 반대 방향으로 8km지점에 있는 씨퀘스트 주립공원에서 야영을 하기로 한다. 상규는 스포츠테이프 덕분에 다리의 통증이 없어졌다고 하니 다행이다. 그런데 윤석이는 별로 효과가 없는 모양이다. 야영장으로 가는 길에 또 체인이 빠진다. 자전거도 지친 모양이다. 오늘은 당초 계획대로 했다면 전진을 멈추고 쉬는 예비일이다. 휴식과 정비를 해야 함에도 예정보다 늦어진 일정을 벌충하느라 라이딩을 했다. 그래도 아직 계획보다 반나절 정도 늦은 상태다.

06.08.금   캐슬록 ➡ 캐슬라메트

공원 관리자는 일찍 퇴근했다 늦게 출근하고, 우리는 늦게 도착하고 일찍 출발한다. 그러다 보니 관리자를 만날 수가 없고 비용을 지불할 수도 없다. 우리의 행동이 맞는 일인지 모르겠으나 어쩔 도리가 없다. 야영장에서 캐슬록까지 되돌아 나오는데 20분 이상 걸렸다. 엄청 비탈진 내리막 길을 어제 저녁 올라 갔다는 게 믿어지지 않을 정도다. 순간속도 50km에 놀라서 속도를 줄인다.

도심 외곽도로엔 차량이 없어 편하게 달린다. 지나가는 화물열차에 손을 들어주었더니 두 번의 기적으로 화답을 한다. 오늘은 왠지 유쾌하고 즐거운 날이 될 것만 같은 느낌이다. 4번째 체인 이탈이다. 근본적인 문제가 무엇인지 알 수가 없다.

롱비유에서 부탄가스와 피클 등을 구입하고, 전에 잘못 구입했던 프로

오션 비치 하이웨이 인근 외딴 집에서 안전을 위해 어쩔 수 없이 주민의 도움으로 차량을 이용한다

판 가스는 반품한다. 인근 자전거점을 찾아가 잦은 체인 이탈의 문제점을 확인하고 수리를 맡긴다. 스프라켓에 문제가 있는 줄 알았는데 뒤 변속기가 휘었단다.

수리하는데 두 시간 가량 걸린다고 하여 그동안 인근 식당을 찾아 생맥주를 곁들여 볼케이노 햄버거로 식사를 한다. 이름만큼 지독히 매워서 입안이 얼얼하고 눈물이 나고 머리에선 진땀이 난다. 미국을 여행하며 처음으로 미국의 매운 맛을 느끼는 순간이다.

비가 오는 걸 핑계 삼아 자전거 수리도 하고 예비일에 쉬지 못했으니 자전거는 조금만 타고 나머지 시간은 쉬기로 한다. 그 덕분에 다시 하루거리의 차질이 생긴다. 자전거를 찾고 보니 우측 기어에도 문제가 있었는데 센스 있는 점원이 그것까지 체크하여 수리해놓았다. 60달러가 전혀 비싸게 느껴지지 않는다.

롱비유에서 컬럼비아강을 끼고 나있는 4번 고속도로를 따라 캐슬라메트로 향한다. 비는 더욱 세게 쏟아지고 갓길이 없는 왕복 2차선에 차들은 마음껏 속도를 내며 달리는 위험천만한 도로다. 목적지까지는 30km 거리다. 억지로 2km 정도 진행하다가 새로운 결정을 위해 어느 외딴 주택 앞 안전지대에 잠시 머문다. 진퇴양난의 상황에서 어떻게 할까 망설이고 있는데 집주인 남자가 우리에게 다가온다.

"무슨 일이요?"

"우리는 캐나다 밴쿠버에서 샌디에고까지 자전거 여행 중 입니다. 비는 억수로 쏟아지고 갓길이 전혀 없어 자전거를 탈 수 없습니다. 당신의 트레일러로 캐슬라메트까지 바래다줄 수 있습니까?"

짧은 시간이었지만 그의 대답을 기다리는 시간이 무척 길게 느껴진다.

"좋습니다. 잠시만 기다리세요."

필리핀 출신의 아내와 4살 아들, 2살 딸을 둔 그는 흔쾌히 승낙을 하고 자전거와 함께 우리 일행을 싣고 빗 속을 질주한다. 비가 억수로 쏟아지는 차창 밖으로 보이는 길은 자전거로 가기에는 거의 불가능할 정도로 위험한 길이다. 사고가 나지 말라는 보장이 전혀 없다. 그새 동승한 아들은 조용히 잠이 들었다. 감사의 뜻으로 100달러를 건넸지만 극구 사양을 하고 친절하게 숙소까지 소개를 해주고 떠난다. 평범한 미국 시민의 인간적인 면모를 엿볼 수 있는 귀중한 순간이다. 영원히 기억해야 할 고마운 사

캐슬라메트 피자전문점에서 우리에게 관심을 갖고 잠시 어울린 동네 주민

람이다.

40달러를 지불하고 강변에 위치한, 몽골 텐트 게르와 비슷한 유르트에서 머물기로 한다. 비는 그칠 줄 모르고 배가 고프다. 저녁을 겸해 지역에서 유명한 맥주집으로 간다. 온 동네 사람들이 다 모인 듯 시끌벅적하다. 피자 한 판에 맥주 한 잔으로 저녁을 대신하며 분위기에 어울린다. 동네 주민인듯한 한참 윗 연배의 영감님이 우리에게 관심을 갖고 말을 걸어온다.

"어디서 왔소?"

"한국에서 왔는데 밴쿠버에서 샌디에고까지 자전거를 타고 가는 중이고, 자전거 여행이 끝나면 차량을 빌려 10여일 동안 서부 국립공원 지역을 관광하고, 그 다음에는 존 뮤어 트레일을 트레킹할 겁니다"

"정말이요? 믿어도 되요? 아니 한 가지만 하는 것도 대단하고 쉽지 않은데 세 가지를 다 한단 말이요?"

"좋아요. 꼭 성공하길 바랍니다. 나는 일본 와세다 대학을 다녀 일본어를 좀 할 줄 알고, 한국은 1968년에 부산, 제주도, 목포, 서울 등을 두 달여 여행했습니다. 꽤 오래 전 이야기지요. 아무튼 만나서 반가웠습니다"

여러 날 제대로 닦지도 못하고 옷도 갈아입지 못해 온 몸에서 냄새가 풀풀 나지만 달리 방법이 없다.

갈 길은 멀고
비는 억수로
쏟아지고

85km, 12시간

아스토리아
워렌튼
캐슬라메트
펏처
웨스트포트
선셋 비치
클랫솝 주립
산림공원
시사이드

06.09.토　캐슬라메트 ➡ 시사이드

선착장 가는 길 5km 구간은 아주 평평하고 차도 없어 달리기가 좋다. 10여 분만에 선착장에 당도하지만, 해가 반짝이던 하늘에서 비가 오기 시작한다. 배에서 내린 후에도 비가 그치질 않는다. 얼마 후 3km 정도의 오르막이 시작된다. 두 번의 쉼표를 찍고 오른다. 이어지는 7km 구간의 내리막길 후 다시 오르막길이다.

　평소와 다르게 상규가 많이 늦는다. 윤석이가 마중을 간다. 비가 오락가락해서 우비를 입었다 벗었다 반복하니 추웠다 더웠다 냉탕 온탕의 연속이다. 그럭저럭 아스토리아에 도착한다. 멀리 있어 잘 보이지는 않아도 요란한 물개 소리가 우리를 반긴다.

　오래 머물지 못하고 자전거 길을 따라 아스토리아를 빠져나간다. 해변휴양 도시로 유명한 아스토리아에는 스칸디나비아 후손들이 많이 살고 있고, 매년 6월이면 스칸디나비아 여름축제가 열린다고 하는데 우리가 지나갈 때는 비슷한 것 조차 구경할 수 없다. 단지 'ASTORIA RIVERFRONT TROLLEY'라고 쓰여있는 빨간색의 관광전차가 관광객을 잔뜩 태우고 콜롬비아강을 따라 지나가는 것만 볼 수 있었다.

아스토리아를 벗어나는 길은 101번 지름길이 아닌 외곽으로 돌아나가는 한적한 길이지만 오르막과 내리막이 자주 반복된다. 캐논비치 야영장을 오늘의 목적지로 삼으려 했으나 비를 맞으며 시사이드에 도착했을 때는 더 전진할 수 없을 정도로 비가 쏟아진다. 잠시 교회 건물 앞으로 피신을 한다.

날씨도 추워져 몸이 견디질 못한다. 가까운 곳에 숙소를 정하고 와인한 병을 산다. 하루 일과를 마치고 피곤한 몸과 마음을 달래 줄 수 있는 것은 와인뿐이다. 한국에서 즐겨 먹던 막걸리가 그립다. 손에 넣을 수 없는 것은 떠올리지 않는 것이 상책이다.

숙소에서 대충 식사를 하고 세탁기에 빨래를 한다. 일정이 자꾸 늦어진다. 이번 여행에서 비가 복병이 될 줄은 예상치 못했다. 만약의 경우에 대비하여 예비일을 매 주말에 하루씩 6일이나 만들어 놓긴 했지만 진도가 더뎌 여행이 끝날 때까지 단 하루라도 쓸 수 있을지 모르겠다.

아스토리아 리버워크에 앉아 휴식을 취한다

수리가 끝날 때까지
기다려준
아주머니

65km, 8시간 25분

시사이드
캐넌비치
휠러
네 돈나비치
틸라무크 주립
산림공원
가리발디
틸라무크만

06.10.일 시사이드 ➡ 가리발디

아침에 일어나니 계속 비가 내리고 있다. 그리고 몹시 춥다. 여행할 때 추위를 피하려면 태양의 이동을 따라 남에서 북으로 진행하는 게 나은데 우리는 저전거 라이딩이 끝난 후의 일정 때문에 부득이 북에서 남으로 진행하게 되었다. 추울 때 밴쿠버에서 출발해 아주 더울 때 샌디에고에서 끝을 맺는 것이다. 출발할 때쯤 비가 그친다.

101번 도로로 접어든다. 드디어 워싱턴주를 뒤로하고 자연경관이 아름답기로 유명한 오리건주로 입성한다. 언덕길 중간 지점에서 다시 비가 내려 비옷을 입는다. 그 때 프랑스 아가씨가 자전거에 가방을 4개씩이나 달고 언덕길을 열심히 올라온다. 힘들지도 않은지 웃는 모습이 그저 즐겁기만 한 모양이다.

금세 경치 좋은 해안을 만난다. 경관을 즐길 시간은 없고 잠시 기념 사진만 찍고 계속 오르락 내리락 전진한다. 터널이 나타난다. 터널 앞에 설치된 버튼을 누르면 터널 위에 빨간색 경고등이 깜박인다. 터널 안에 자전거가 지나가고 있으니 차량 운전자들은 조심해서 운전하라는 표시다. 터널이 끝나고 다시 엄청난 오르막길을 오른다.

해안도로라고 해서 평지 길을 예상했는데 전혀 아니다. 고갯마루에서 휴식을 취하고 빗속에 내리막 길을 달리기 시작하자마자 윤석이 자전거 뒷바퀴가 펑크 난다. 빗속에서도 내리막이 즐거운 상규는 이미 멀리 앞서 간 상태라 호각을 불어도 소용이 없다.

그 자리에서 수리를 도우려 해도 펌프는 상규가 가지고 있다. 윤석이가 서서히 저전거를 끌고 내려가는 동안 나는 상규를 따라잡기 위해 전 속력으로 질주한다. 내리막 끝 지점에서 상규는 우리가 오길 기다리고 있다. 내 이야기를 듣고 상규가 장비만 챙겨서 윤석이에게 접근을 시도하지만 걸어서 가기에는 너무 멀고, 그렇다고 다시 자전거를 타고 비탈길을 오르자니 걸어가느니만 못하다.

마침 홀로 주차하고 있던 동년배의 아주머니께 급한 사정을 이야기하며 차를 태워줄 것을 부탁한다. 아주머니는 쾌히 승낙하면서 차 안에 있는 반려견이 매우 까칠하다며 출발 전 상규에게 반려견과 스킨십부터 시킨다.

상규와 윤석을 기다리는 동안에도 비는 계속 쏟아진다. 그동안 에콜라 주립공원 주변 산책로를 어슬렁거린다. 그런데 상규를 내려주고 벌써 돌

차를 태워주고 수리가 끝날 때까지 기다렸다가 다시 원위치 해준 고마운 동년배 아주머니

'OREGON COAST BIKE ROUTE'라고 길 안내를 하지만 단지 방향만
표시할 뿐 자전거 전용도로를 나타내는 것은 아니다

아와야 할 아주머니가 나타나지 않는다. 한참 후 상규는 그 아주머니 차를 타고, 윤석이는 수리된 자전거를 타고 돌아온다.

아주머니가 수리가 끝날 때까지 기다렸다가 상규를 다시 태우고 온 것이다. 낯선 여행자에게 베푼 친절에 감동한다. 빗속에 아주머니와 기념 촬영을 하고 오늘의 목적지인 샌드레이크로 향하지만 찬 비를 맞으며 라이딩 하기가 어렵다. 지나치는 차들도 속도를 내며 달리는 통에 사고가 날까 긴장을 풀 수 없다.

오후 6시경 더 이상 진행할 수 없어 가리발디 모텔에 투숙한다. 연 3일째 거금을 들여 모텔 신세다. 돈이 들긴 했지만 따뜻하고 편안하다. 자전거 수리하느라 고생 많았다며 윤석이가 레스토랑에서 저녁식사를 산다. 옆 테이블에서 술 마시던 노인들이 줄을 서서 각자 계산을 하는 모습이 이채롭다.

비도 견딜 수 있고, 추위도 견딜 수 있고, 다리도 전혀 문제가 없지만 왼손이 저리고 엉덩이가 아프다. 엉덩이를 안장에서 떼고 서서 타기도 하지만 그것도 잠시다. 자주 쉬어가야 하는데 갈 길이 멀어 그러기도 어렵다. 달리면 쉬고 싶고, 쉬면 바로 달리고 싶다.

로커웨이 비치
가리발디
틸라무크 주립
산림공원

99km, 11시간 15분

헴럭

네스코윈

링컨시티

사슴에게
로드킬 당할 뻔 하다

06.11.월   가리발디 ➔ 링컨시티

날씨가 화창하다. 하늘에 구름 한 점 없다. 어제와 너무나도 대조적이다. 실로 오랜만에 따스한 햇살을 받으며 유쾌한 라이딩을 한다. 펑크에 대비해 자전거점에서 여분의 튜브를 산다. 도로 공사 중인 도심 구간을 지나 한적한 길로 접어든다. 통행량은 별로 없지만 갓길이 없어 조심스럽다.

고개를 넘어 내리막길을 조심스레 내려가고 있는데 내 앞에서 커다란 사슴이 갑자기 용수철처럼 튀어나와 맞은편 숲 속으로 사라진다. 5m정도 간발의 차이로 서로 로드킬을 면한다. 정말로 아찔한 순간이었다. 만약에 서로 부딪혔다면 십중팔구 대형 사고였을 것이다. 상규와 윤석이는 그것도 모르고 멀리 달려 나간다.

산모퉁이 돌면 끝날 듯한 오르막길이 끝나지 않고, 이어지는 산모퉁이는 가도 가도 끝이 없다. 그러나 결국 오르막길이 끝나면 그 다음은 신나

태평양 연안을 따라 길도 시원하고 모래밭도 시원하고 파도도 시원하다

는 내리막길이다. 어제는 따스한 양지가 그리웠지만 오늘은 시원한 그늘
이 그리워진다.

드넓은 태평양 바다와 긴 해변이 보이는 전망 좋은 곳에서 쉬고 있다가
윤석이 자전거 앞 바퀴가 펑크 난 것을 발견하고 20분만에 오늘 새로 산
튜브로 교체한다. 자주 펑크가 나서 그런지 수리하는데 숙달이 되었지만
근본 원인을 찾아야 한다.

굽이굽이 길고 긴 라이딩을 마치고 오랜만에 처음으로 링컨시티에 소
재한 예정 숙박지 데블스레이크 주립휴양지까지 간다. 지난번과 같은 이
유로 오늘도 야영비를 지불하지 못하고 구석에 있는 바이커, 트레커들 만
의 야영장에서 멋진 저녁을 보낸다. 이웃 텐트에 있는 19세 프랑스 청년
은 혼자서 트레킹을 다닌단다. 고맙게도 야영장 등록을 못한 우리가 샤워

자전거 수리도 자전거 여행의 일부라 생각한다

를 할 수 있게 샤워장 출입 비번을 알려준다.

햇볕은 뜨거운데 그늘은 춥다. 오늘도 통신두절이지만 김정은과 트럼프 회담이 잘 이루어졌다는 소식은 접할 수 있었다.

From my mother!
To my home!

06.12.화 링컨시티 ➡ 헤체타 비치

밤새 이슬이 내려 텐트가 흠뻑 젖었다. 이런 날은 짐 꾸리는 일이 아주 번거롭다. 빗물을 머금은 만큼 짐이 무거워지고, 다른 물건이 젖지 않도록 비닐봉지에 다시 포장을 해야 한다.

이웃한 야영지에서 74세 노인이 혼자 자전거 출발 준비를 하고 있다.

"어디서 오셨어요?"

"우리 엄마!"

"어디로 가세요?"

"우리 집!"

박장대소가 터져나온다. 참으로 즐거운 미국 노인이다. 나도 그 나이에 그 만큼 여유 있는 사람이면 좋겠다. 누구의 간섭도 받지 않고 혼자서 유유자적하는 모습이 부럽다.

버튼을 누르면 빨간색 등이 깜박이며 터널을 지나는 차량들에게 자전거가 지나고 있음을 알린다

햇볕이 좋은 날에는 젖은 물건들을 말려야 한다

바다를 끼고 달리는 101번 도로이다. 오리건주 일부 구간을 제외하곤 대부분 해안을 접한 도로이지만 상하로 좌우로 굴곡이 심해서 아주 조심해야 한다. 중간 중간 전망대가 많아 구경도 할 겸 쉬엄쉬엄 달린다. 넓은 태평양 바다가 보기만 해도 시원하다. 눈도 시원하고 마음도 시원하고 몸도 시원하다.

날이 화창해 월마트 앞마당에서 젖은 텐트와 침낭을 펼쳐놓고 말리면서 나무 그늘 밑 잔디밭에서 점심식사를 한다. 오토바이를 탄 노인이 영어를 할 줄 아냐며 우리에게 상당한 관심을 갖고 일부러 천천히 말을 건다.

"당신들 영어 잘 하냐? 잘 하면 빨리 말 하고, 그렇지 않으면 알아 들을 수 있게 천천히 말하겠다."

어리둥절해 있는 우리가 영어 약자라 생각하고 대답은 듣지도 않고서 천천히 이야기를 한다.

"어디서 왔느냐?"

"한국에서 왔다."

"어디로 가느냐?"

"밴쿠버에서 출발하여 샌디에고까지 가는 중이다."

"와! 정말이냐? 대단하다! 사고 없이 성공하길 바란다."

태평양 바다가 아름답게 펼쳐진 해안도로를 남에게 사진을 찍히고 또 남을 찍어주기도 하면서 달린다. 바닷가 해변이 대체로 그렇긴 하지만 오

문 닫힌 가게 앞에 쪼그리고 앉아 허기진 배를 달랜다

리건주의 바다는 정말 일품 중의 일품이다. 거대한 산이 넓고 깊은 바다로 빨려 들어가는 듯하면서 동시에 바다를 빨아들이고 있는 모습이다. 수시로 전망대가 나타나고 특별한 볼거리로 바다사자가 있는 곳은 더 많은 관광객들로 북적거린다.

고개를 오르고 내림은 이제 일상사가 되었다. 비탈길 오르막에서는 되도록이면 자전거에서 내려 서서히 밀고 올라간다. 헤체타 분기점까지의 길은 참으로 멀다. 늦게 출발한 이유도 있고 시간 배분을 잘못한 점도 있어 야영장에 밤 9시가 다 되어서야 도착한다. 야영장 입구의 가게에 들어가 몇 가지 물건을 사고나니 바로 문을 닫는다. 천만다행이다.

문 닫힌 가게 앞에 쪼그리고 앉아 허기진 배를 달랜다. 이러고 있는 우리가 불쌍하다고 생각한 적은 없다. 불의의 사고만 아니라면 경험 가능한 모든 경우의 수가 여행의 충분조건이라 할 수 있다.

랜턴으로 길을 밝히며 찾아간 야영장에는 관리인도 안보이고 조용하다. 입구에서 가장 가까운 자리에 텐트를 설치하고 1,000km 돌파 기념으로 조촐한 파티를 연다. 이상한 논리지만 시작이 반이고 나머지 반 중에 1/3을 마쳤으니 남은 거리는 전체의 1/3이다. 게다가 출발 이후 처음으로 하루 100km 넘게 라이딩을 했고 처음으로 야간 라이딩까지 했다. 남은 기간 동안 계획대로 라이딩이 이루어질 가능성이 보여 다행이다.

그런데 상규는 계속 허벅지가 아프고 오른손 약지와 새끼 손가락에 마비가 오고, 윤석이는 양쪽 손목이 아프고, 나는 오른쪽 어깨가 몹시 쑤시고 왼손 엄지와 검지가 마비되었다. 몸은 하자 있는 불량품이 되었지만 마음만은 항상 정품이다.

방 둘, 침대 셋에
70달러면
정말 착한 가격이다

헤체타 비치

47km, 5시간 55분

플로렌스

노스포크

엄콰강

리즈포트

또 비가 온다. 어떻게 해야 할지 난감하다. 운행 중 비가 오면 우의 입고 그대로 진행하면 되지만 출발 전부터 비가 오면 짐을 꾸리기가 쉽지 않다. 그렇다고 가만 있자니 그게 더 불편하다. 텐트 안에서 짐 정리를 마치고 밖으로 나오니 상규도 이미 짐을 정리하고 있다. 윤석이는 늦게까지 기척이 없다. 몹시 피곤했던 모양이다. 비를 맞으며 텐트 정리를 하고 떠난다.

대형 상점인 프레드 메이어에 들러 간단하게 아침식사를 한다. 비가 오락가락하다 그친다. 나는 어깨가 몹시 쑤신다. 상규가 지쳤다며 하루를 쉬자고 하지만 그럴 수는 없다고 하고, 오늘은 5-60km만 달리고 쉬기로 한다. 오르막에선 시속 4-5km지만 내리막에선 시속 50km가 나오는데 안전을 위해 속도 조절을 하여 40km 이하로 유지한다. 세이프웨이에서

72

미국의 모텔. 방 둘에 침대가 셋이면서 70달러다

저녁 먹거리를 준비하고, 햄버거로 점심을 대신한다.

인근에 있는 모텔에 투숙했는데 70달러에 방 둘, 침대 셋이면 최고로 착한 가격이다. 불편함 없이 잘 수가 있어 좋다. 나는 주차장 화단에 설치되어 있는 수돗물로 세 대의 자전거를 말끔히 세척하고, 상규는 빨래방에 다녀오고, 윤석이는 고기를 사러 간다.

5리터짜리 프렌지아 와인에 고기를 정신 없이 먹는다. 이걸로 어느 정도 피로가 풀렸으면 좋겠다. 와인을 맘껏 마시고 코를 골며 깊은 잠에 빠진다.

식사하면서 처음으로 자전거 운행 중 기어 변속에 관해 진지하게 토론한다. 특히 오르막에서 기어 변속 방법이 서로 달라 어느 경우가 좋은지 의견을 나눈다. 나의 경우는 내리막이나 평지에서 3/9로 가다가 반동을

요렇게 차려 먹고 코를 골며 깊은 잠에 빠졌다

이용해 오르막을 오르는 중에 3/8, 3/7, 3/6, 3/5, 3/4로 변속을 하고 다시 2/4, 2/3, 2/2, 1/2, 1/1로 변속을 한다. 그래도 힘들면 자전거에서 내려 밀고 올라 간다. 경우에 따라 3/4에서 2/5로 바꾸기도 한다. 보통 1/2에 서 1/1로 바꾸기 보다는 1/2에서 밀고 가는 편이 낫다.

리즈포트
레이크사이드
105km, 11시간 40분
코퀼
밴든

잃어버린 배낭을
다시 찾다

06.14.목   리즈포트 ➡ 밴든

출발과 동시에 윤석이 뒷바퀴가 펑크 난 것을 발견하고 여분으로 갈아 끼운다. 아무래도 튜브에 문제가 있는 듯한데 정확한 원인을 찾아야하는데 30km를 가야 자전거포가 있다.

어제의 휴식이 효과가 있는 모양이다. 무거운 짐을 싣고서도 평지에서 시속 30km이상의 속도가 난다. 그런데 한참 달리면 왼손 엄지 검지에 심하게 마비 현상이 나타나 지속적인 고속 운행은 어렵다. 다행히 우측 어깨의 아픔은 어느 정도 사라졌고 엉덩이 아픈 것도 어느 정도 괜찮아졌다.

다리를 건널 때는 갓길 폭이 좁고 차량이 많아 20분간 끌고 넘어간다. 차량 운전자들에게 폐를 끼치고 싶지 않다. 태평양에서 불어오는 바람이 몹시 거세다. 노스벤드에서 윤석이는 자전거 앞뒤 타이어를 70달러에 교체하고, 나는 기념품 삼아 간단한 자전거 툴을 30달러에 산다. 점심은 타코벨에서 멕시칸식으로 해결한다.

바람이 너무 심해 자전거가 휘청거린다. 우리가 갈 수 있는 길이 두 가지가 있다면서 자전거 수리점 주인은 101번 도로가 고도 차가 낮아 수월하다며 추천을 한다. 열심히 가다 보니 우리가 진행 중인 길이 추천 받은 윗길이 아니고 아랫길이다. 지도 판독을 잘못하여 찰스턴에서 길을 놓치는 바람에 아름다운 썬셋 만을 만난다. 잠시 화장실에 들르고 바닷물에도 들어갔다 나오며 휴식을 취한다.

되돌아 가는 길에 또 갈림길을 놓친다. GPS를 따라 가는데 점점 목적지와 멀어진다. 다리 앞에서 머뭇거리다 내 자전거가 넘어지면서 체인이 빠져버렸다. 그때 설상가상으로 윤석이가 썬셋 만 의자에 배낭을 놔두고

찰스턴으로 들어가는 케이프아라고 하이웨이 상에 있는 다리

76

미국의 도개교가 올라가고 있다. 여기서 체인이 빠지고 윤석이가 배낭을 잃어버린 것을 알아차렸다.

온 것을 알아차린다. 배낭 안에는 여권과 돈 등 중요한 물건이 많이 들어 있다.

내가 체인을 만지는 동안 윤석이는 자전거를 타고 갔다 오려고 짐을 내려놓는다. 나는 히치하이킹을 해서 다녀오라고 일러준다. 고맙게도 동네 주민이 왕복으로 태워주고 윤석이는 다행히 배낭을 찾아온다. 시간이 꽤 흘렀음에도 배낭이 그대로 있었다는 게 신통하다.

다시 출발하여 다리를 건너기 전에 갈림길을 찾았어야 하는데 또 놓치고 말았다. 또 다시 GPS 지시가 점점 멀어지는 것을 알아차리고 종이 지도로 확인한다. 마침 도로순찰대가 있어 길을 물으니 세븐데빌스 로드 갈림길의 위치를 정확히 알려준다. 우리는 다시 찰스턴 다리 너머 까지 되돌아간다.

윤석이는 기분 나빠 하고, 상규는 짜증을 낸다.

"그러지들 마라. 이런 게 다 여행이다. '그럴 수도 있지' 하고 웃으면서 가자."

목적지를 덴마크에서 밴든 주립공원으로 변경한다. 결국 2시간 동안 20km 헤맨 것이다. 지나가는 차량이 거의 없어 좋기는 한데 다시 세븐데 빌스 로드를 놓친다. 타이어를 교체 했음에도 윤석이 뒷바퀴에 바람이 또 빠졌다. 대체 왜 그런지 알 수가 없다. 그 와중에 윤석이는 100만원짜리 미제 사이클이 좋아보인다며 귀국길에 사가지고 가겠단다. 며칠 사이에 자전거 매력에 푹 빠져버린 윤석이를 말릴 수가 없다.

밴든에 있는 벌라즈비치 주립공원은 잘 정리 정돈되어 있고, 우리가 9시 넘어 도착했음에도 관리인이 불을 밝히고 친절히 안내를 해준다. 내일부터는 6시에 출발하기로 약속을 하지만 잘 지켜질지 모르겠다.

96km, 10시간 10분

밴든
푸르마일
모피어
로그 리버-시스
키유 국유림
골드비치

무사건 무사고의
완벽한 날

6시에 출발하기로 약속했지만 결국 7시가 되었다. 졸리고 피곤하지만 일단 자전거를 올라타면 거짓말처럼 머리가 맑아진다. 길도 평탄하고 차량도 드물다. 출발 15분만에 아침을 먹자고 하지만 나는 좀 더 진행할 것을 주장한다.

2시간 가량 가다 보니 가게가 보인다. 우리의 잡화상 같은 곳인데 음식도 만들어 판다. 온갖 물건을 갖다 놓고 주인의 딸인듯한 아가씨가 햄버거 등 음식을 만들어 파느라 몹시 바빠 보인다. 식사 후 가게 밖에서 휴식 중에 주인 아주머니가 나와서 식사 때 사용했던 머그잔 값 5달러를 돌려주신다. 기념으로 가지고 갈 경우에만 돈을 받는다고 한다. 생각지도 않던 공돈이 생긴 기분이다.

흐렸던 날씨가 맑아진다. 휴식 중 남은 와인을 조금씩 마신다. 해서는

망중한을 보내고 싶은 아름다운 태평양 연안

안 될 음주운전이다. 윤석이와 나는 괜찮은데 상규는 취한다며 약간 힘들어 한다. 태평양 연안을 따라 라이딩이 이어지면서 눈앞에 펼쳐지는 풍경에서 장쾌함을 느낀다. 제발 오늘만큼은 아무런 사건 사고가 없길 바랄 뿐이다.

내리막길에서 가속도를 억제하느라 브레이크가 파열될까 걱정이다. 바람까지 거세게 몰아쳐 몸과 자전거가 휘청거린다. 문득 두렵고 겁이 난다. 태평양 연안의 풍경이 말로 표현하기 어려울 정도로 일품이지만 주행 중엔 살짝 곁눈질뿐이다.

골드비치에 있는 인디언크릭 레크레이셔널 공원에서 야영을 한다. 상규와 윤석이는 1.6km 거리의 식품점으로 고기와 달걀 등을 사러 간다. 그 사이 나는 3개의 텐트를 설치하려 하지만 바람이 너무 심해 하나도 설

탁 트인 바다를 끼고 달리는 기분은 이루 말할 수 없다

치하지 못하고, 결국 상규와 윤석이가 돌아오고 나서야 서로 도와주며 완성한다.

윤석이가 장작불 위에서 고기를 굽다가 실수로 땅에 떨어뜨린다. 그냥 버릴 수가 없어 물에 깨끗이 씻은 후 다시 굽는다. 맛에는 이상이 없다. 고기를 좋아하는 윤석이 덕분에 상규와 나는 스테이크를 실컷 먹는다.

오늘 주행거리는 100km에 조금 못 미치지만 전방 수 십 km 이내에 야영장이 없어 하루 일정을 여기서 마감한 것이다. 작은 사건이나 사소한 사고 없이 완벽하게 주행한 첫 날이다. 오늘 같은 날이 이후에도 계속 이어지길 바란다.

드디어 캘리포니아 입성이다!

골드비치
피스톨리버
121km, 14시간
크레센트시티
클라마스
클라마스
국유림

06.16.토   골드비치 ➜ 클라마스

몹시 피곤하지만 그래도 내가 먼저 기상한다. 바람은 어제처럼 화난 듯이 거세다. 날씨는 흐리다가 곧 맑아진다. 추위 때문에 긴 팔 셔츠를 입고 패딩점퍼에 바람막이까지 껴입는다. 양지는 뜨겁고 음지는 춥다.

해안가로 떠밀려온 많은 통나무들을 보면서 상규는 야영장 화목으로 사용하면 좋겠단다. 어느새 상규도 상당히 낭만적으로 변했다. 오늘은 어디까지 가야 하나? 아직도 계획 대비 하루가 늦다. 뒤에서 바람이 불어오니 힘이 덜 든다.

아침 겸 점심으로 중국음식을 먹는다. 양이 엄청 많지만 깨끗이 비운다. 배가 부르니 상규와 윤석이는 잠이 오는 모양이다.

"햇볕이 뜨거우니 더 쉬었다 가자!"

"2-3일 정도 일정을 더 늘리자!"

"재일에게 연락해서 좀 늦게 오라고 하자!"

지쳐서 그런지 건의 사항이 많다. 2-3일 늦춘다고 될 일이 아니다. 느긋해지면 다음에 또 늦추게 될지도 모른다. 그러나 계획대로 밀어붙이는 것이 모두를 위한 것인지도 헷갈린다. 조만간 내가 선두에 서야겠다.

"캘리포니아까지 가서 쉬자!"며 갈 길을 재촉한다.

길이 넓고 평탄해 총알처럼 순식간에 십 여 km를 달린다. 날씨 좋고 길도 좋으니 달릴 만하다. 상규는 점심 먹고 엄청 졸렸는데 자전거를 타니 괜찮다고 한다. 나 역시 자전거를 타면 피곤함이 사라지고 식곤증도 없어진다. 드디어 캘리포니아 입성이다.

캘리포니아 주에 들어와 처음으로 360m 높이의 고개를 넘는다. 고개라기보다 자그마한 산이다. 30kg이 넘는 자전거를 밀고 올라간다. 길고

공사중인 도로라 신호를 기다려 일방통행을 해야 한다

85

긴 오르막 길에서 상규가 음악을 트니 덜 힘든 것 같다. 주변의 엄청난 거목들에 압도 당한다. 피톤치드가 많이 쏟아지는 숲길이라서 그런지 새벽부터 시작된 라이딩인데도 피곤함을 모르겠다. 1시간 반 만에 오르막길이 끝나 이제부터 쭉 내리막길인줄 알았는데 몇 차례 더 작은 오르막길이 나타난다.

가까운 야영장을 가려니 샛길로 4km 정도 계곡 아래로 내려가야 한다. 내일 아침 다시 올라올 생각을 하니 끔찍하다. 샛길을 포기하고 계속 진행하여 클라마스 야영장에 도착한다. 상규와 윤석이도 힘들긴 하지만 그래도 버틸 만하고 샌디에고까지 꼭 가고 싶단다.

클라마스
프레리 크릭
레드우드 주립공원
식스 리버스
국유림
존슨스
오릭
105km, 13시간 25분
알카타

아직도 예정보다
하루가 늦다

06.17.일 클라마스 ➡ 알카타

새벽 새소리가 다른 지역보다 유난히 크고 아름답게 들린다. 새소리 때문에 평소보다 좀 더 일찍 일어나 서둘러 모닥불을 피우고 짐 정리를 하면서 두 친구를 깨운다. 출발 전 라면스프를 넣어 끓인 물에 후추를 넣어 마신다. 속이 후끈거리며 몸에서 열이 나는 것 같고 커피보다 강한 맛이지만 빈 속에도 편한 느낌이다.

바람도 없는 맑은 날씨다. 유레카까지 95km를 예상하고 펀데일까지 연장을 제안하니 윤석이는 95km만 타자고 하고 나는 탈 수 있는 데까지 더 타자고 윤석이를 설득한다.

휴식 중 우리끼리의 건배사를 만들어 본다. '수끌!' 하면 '때알!'로 응수하는 것이다. '수시로 끌바하고, 때때로 알바한다'는 뜻이다. 회심의 작품이라고 생각했는데 윤석이와 상규는 별 반응이 없다. 이번엔 군가 '용사

89

의 다짐'에 나오는 '남아의 끓는 피 조국에 바쳐…'라는 곡에 맞춰 가사를 바꾸어 본다.

'때때로 알바 하고 수시로 끌바 해도, 친구야 달려가자 샌디에고로,

차량들 폭주하는 갓길에서도, 비바람 맞으면서 질주했노라,

이, 한, 김 이제는 샌디에고가, 눈앞에 다가왔다 좀 더 힘내자!'

나는 괜찮은 것 같은데 두 친구의 반응이 여전히 신통치 않다. 멋진 구호와 가사를 창작한 나 자신을 칭찬하며 일어선다.

지도를 제대로 보지 않아 엉뚱하게 먼 길, 더 높은 길로 간다. 아 - 이 - 고! 그럴 수도 있지. 끌바도 더 하고 알바까지 한다. 오릭에서 점심으로 빵 하나씩을 먹는다. 아침으로는 육포에 초콜릿 하나씩을 먹었다. 그리고 행동식으로 오리온샌드 과자를 먹는다.

안전하게 길 밖에서 휴식을 취한다

상점에서 교민 형제 부부를 만나 함께 기념촬영을 한다. 머나 먼 타지에서 한인 관광객을 만나면 전부터 알고 지내던 사이처럼 반갑다. 형제 부부는 우리의 여행 일정을 듣고 엄지를 내밀며 응원을 해준다.

양지에서는 음지로 가고 싶고, 음지에서는 양지로 가고 싶을 정도로 온도 차가 심해 힘들다. 레드우드 하이웨이를 따라 질주한다. 패딩점퍼를 껴입어야 할 정도로 춥다. 오늘은 내가 두 사람을 따라가기가 버겁다. 잠시 멈춰서 손 저림을 풀고 따라간다.

목적지를 유레카에서 다시 알카타로 변경하여 야영을 한다. 상규는 내일 모텔에서 자자고 하지만 나는 반대한다. 예정대로 잘 진행될 때만 모텔에서 자기로 한다. 내가 모진 놈인가? 아직도 하루 일정이 늦은 상태다.

알카타

유레카

129km, 15시간 15분

케이프타운

페트롤리아

마이어스
플랫

킹레인지
내셔널 보호
관리지구

가버빌

깜깜한 밤길
4.5km를 달리다

06.18.월　알카타 ➡ 가버빌

어제보다 1시간 가량 늦게 출발한다. 날마다 상황이 다르니 출발 시각을
정하기가 어렵다. 하늘이 잔뜩 흐리지만 바람은 없고 덜 춥다. 오늘 목적
지는 120km거리에 있는 레드웨이다. 추위에 패딩점퍼를 입고 출발한다.
잠시 가다 스타벅스에서 따뜻한 커피 한 잔을 나누어 마신다.

　훔볼트를 지나며 누적거리 1,500km를 달성한다. 대체로 평탄한 길을
달린다. 태평양 바다를 끼고 유레카를 순식간에 지나친다. 펀브리지 앞
에서 아침 겸 점심을 먹고 길게 뻗은 101번 도로를 여유롭게 달린다. 뭐
가 급했는지 상규는 바지 위에 패드팬티를 거꾸로 입는 웃기는 장면을 연
출했다가 다시 바꿔 입는다. 어제는 내가 힘들었는데, 오늘은 윤석이가
힘들어 한다. 생체리듬에 따른 저하기인 모양이다.

　열심히 주행 중에 스태퍼드 조금 지나서 한 승용차가 경적을 울리며 우

울창한 거목 숲 속에서의 휴식은 엄청난 힐링이다(the Avenue of the Giants)

리를 멈추게 한다. 라이딩 하기에 좋은 아름다운 길인 자이언트길을 지도를 꺼내 설명하면서 위치를 가르쳐준다. 주 정부 공무원인 그도 밴쿠버에서 샌디에고까지 그리고 샌디에고에서 마이애미까지 라이딩을 한 적이 있다며 우리에게 지도까지 준다. 고맙다고 인사는 했지만, 사실 우리는 지도 상의 자전거 길을 무시하고 지름길을 찾아 가는 중이었다.

그의 권유대로 애브뉴 오프 더 자이언트 254번 도로를 주행한다. 생전 처음 보는 엄청난 거목들이 즐비하다. 지금까지 다녀본 길 중에서 최고로 환상적인 길이다. 두 번 만나기 어려운 꿈의 길이다. 오늘만한 드라마도 없을 것이다. 아쉬웠던 것은 이곳에서 야영을 하지 못했다는 점이다.

목적지 가버빌로 가는 도중 딘 크릭 리조트에 오후 9시경 어렵게 도착한다. 그런데 무서운 개 두 마리를 끌고 다니는, 직원인듯한 여성이 야영장에 빈 자리가 없고, 모텔에도 빈 방이 없다며 빨리 떠나라는 것이다. 인정머리 없어 보이는 불친절한 말투와 태도에 기분이 언짢다. 하지만 가버빌에 있는 모텔을 예약하기 위해 인터넷을 하려고 낮은 자세로 와이파이 비번을 물었더니 처음에는 돈을 요구하다가 상규가 난감해 하는 모습에 그냥 번호를 알려준다.

날은 이미 어두워졌고 지친 상태에서 가버빌까지 가자니 참으로 난감하다. 헤드랜턴을 머리에 장착하고 4.5km 떨어진 숙소를 찾아 떠나려니 주변이 너무 어둡다. 셋이 바짝 붙어서 움직이지만 자전거 불빛으론 한계가 있어 위험하다.

도로마저 새로 포장중인 상태라 흰색 차선이 그려져 있지 않다. 가끔 차들이 지나칠 때면 불안하다. 내리막 길에서 조심조심 천천히 내려가지

상상을 초월하는 거목 앞에서(the Avenue of the Giants)

만 살얼음판을 달리는거나 다름 없다. 불빛도 흐리고 방향도 모른 채 어둠 속에서 허우적거리는 느낌이다. 손도 아프고 엄청 힘들어 쉬었다 간다. 아직도 남은 거리가 2km다. 더 이상 라이딩이 불가능하다고 판단하고 내려서 끌고 가기로 한다.

천신만고 끝에 밤 11시경 모텔에 도착한다. 207달러짜리 방이 달랑 하나 남았단다. 간발의 차이로 정말 아슬아슬했다. 바로 뒤따라 들어온 손님은 방이 없어 매우 난처해 한다. 쫓겨난 딘 크릭 리조트에도 정말로 빈자리가 없었을 것이라는 생각이 든다.

방에 들어가니 내부가 크고 호화스럽다. 트윈베드 두 개에 소파, 탁자, 커다란 주방 시설까지 갖추고 있다. 오성급 호텔 분위기다. 배가 고파 라면을 끓여 먹고 허기를 달랜다. 훔볼트 레드우드 주립공원은 엄청나게 유명한 관광지인 모양이다. 월요일임에도 숙박 시설마다 빈 방이 없을 정도니 말이다.

내리막 길이라도
20km 거리는
무섭고 힘들다

06.19.화   가버빌 ➡ 웨스트포트

어제 고생을 많이 해서 아침에 두 친구를 깨우지 않는다. 편안한 숙소에서 숙면을 취했더니 힘이 솟는 듯하다. 샌프란시스코에 사는 친구 강태호에게 전화를 한다. 강태호의 연락처는 캐나다의 문형기가 알려주었다. 22일경 샌프란시스코에 도착할 예정이라고 알리니 문영칠과 함께 우리를 맞이할 거란다. 기대가 된다.

날씨가 꽤 뜨겁다. 10시 넘어 출발해 포트 브래그까지 120km를 다 못 갈지도 모르겠다. 최고로 높은 고개가 남아 있다.

처음부터 오르막과 내리막이 심하다. 오랜만에 다른 자전거족 세명이 옆을 지나간다. 오늘도 힘이 달려 두 친구를 따라가기가 버겁다. 중간에 혼자서 잠시 쉬고 있노라니 지나가는 한 바이커가 "문제 있냐?"며 묻는다. "땡큐, 문제 없다."며 그냥 보낸다. 어느 여성은 우리보다 더 많은 짐을 실

1번 도로가 시작되는 Leggett 삼거리. 해발 550m 고개가 기다리고 있다

고 우리가 쉬고 있는 오르막 길을 거침없이 지나간다. 미소를 날리며 손까지 흔들어 준다.

101번 도로가 끝나고 1번 도로가 시작되는 레젯 갈림길부터 이번 자전거 길 중 가장 높은 고개가 시작된다. 종이 지도에 표시된 도로 높낮이 개략도를 보며 며칠 전부터 모두가 걱정을 해왔다.

"트레일러를 불러 차에 싣고 점프_{자전거를 타지 않고 다른 이동 수단을 이용하는 것}를 할까?"

"히치하이킹_{지나가는 차를 얻어 타는 것}을 할까?"

"짐만 실어 보내고 빈 자전거로 올라갈까?"

여러 안이 나오지만 결국은 원래대로 자전거를 끌고 밀고 올라가기로 한다.

우선 충분한 휴식을 취한 다음 밀고 오르는데 자전거가 무겁고 비탈이 심해 쉽지 않다. 그나마 다행인 것은 오르막은 일정한 경사도로 이어지고 잠시라도 내리막이 없다. 두 시간을 예상했지만 꾸준히 올라 한 시간 반 만에 끝이 난다. 상규와 윤석이가 거의 쉬지 않고 올랐기 때문이다. 내가 자꾸 뒤쳐지니까 몇 차례 기다렸다 함께 올라간다.

해발 550m나 되는 고개를 예상외로 일찍 끝내버린 것이다. 그런데 문제는 다음이다. 6km정도 밀고 올라 갔는데 내리막이 거의 20km 거리다. 그것도 경사가 심하고 급한 커브길이 많다. 그런데도 두 친구는 묘기를 부리듯 잘도 내려간다. 긴 내리막이 끝나고 다시 작은 고개를 넘으니 바닷가가 나타나면서 불안감이 사라진다.

웨스트포트 야영장은 바닷가에 있다. 파도소리가 은은하게 들려온다. 오늘 저녁도 반갑게 기다려지는 라면에 모닥불이다. 친구들이 잠든 뒤 일기를 쓰고 22일 샌프란시스코에 입성하기 위한 새로운 일정을 궁리하다가 자정이 다되어 잠자리에 든다.

웨스트포트

멘도시
노 국유림

멘도시노

123km, 13시간 55분

맨체스터

앵커 베이

말 없이
초콜릿 세 개를
건네주고 가는 노인

06.20.수   웨스트포트 ➡ 앵커 베이

이슬인지 안개인지 텐트가 흠뻑 젖었다. 너울성 파도를 넘듯 오르막 내리막이 클리온까지 이어진다. 탁 트인 해변을 끼고 가다가 아름다운 나무숲 터널을 지난다. 상쾌한 안개비가 얼굴을 때린다. 샌프란시스코에 도착하면 모두들 아내에게 감동적인 미사여구로 엽서를 띄우기로 한다. 클리온에서 행동식으로 아침식사를 한다.

노면 상태가 울퉁불퉁 아주 안 좋다. 갓길도 없다. 다행히 통행 차량이 많지 않고 양보도 잘해 준다. 포트 브래그를 지나 쉬고 있는데 어떤 노인네가 버스에서 내려 "에너지!"라며 초콜릿 3개를 건네주고 간다. 더 이상의 이야기도 없다. 고마운 노인이 작은 감동을 주고 간다.

오르막에서 땀이 나면 패딩점퍼를 벗고 내리막에선 다시 입는다. 오르막 길을 오를 때면 상규는 음악을 틀어 힘을 돋군다. 그렇지만 평지 길을

이런 가게만 나타나면 무조건 쉬면서 먹고 가야 한다

보기에는 그림 같이 아름답지만 자전거를 타기에는 위험한 길이다

아담하게 꾸며진 우리만의 야영장에 태평양 파도소리가 찾아온다.
(웨이스트포트-유니온 랜딩스테이트 비치)

달릴 때는 소리가 잘 들리지 않는다. 상규, 윤석, 나 순으로 주행을 할 때 앞 두 사람 중 한 사람이 멈추게 되면 맨 뒤에 있는 나는 서서 기다려야 하고, 내가 일이 있어 잠시 멈추게 되면 앞 두 사람은 뒤돌아보지 않고 주행을 계속하니 거리가 멀어지면서 신나는 음악이 들리지 않는 것이다.

잠시 앉아 쉴 때 서로 앞 뒤가 맞지 않는 우스개 소리를 하며 피로를 푼다. 오늘은 종일 패딩점퍼를 벗지 못한채로 잔디가 깔려 있는 야영장에 도착한다.

내가
야구감독 김성근
같다고?

99km, 11시간 45분

앵커베이
시랜치
몬테리오
보데가 베이
밸리포드

06.21.목　앵커베이 ➡ 밸리포드

엊저녁 보드카를 마시고 골아떨어져 늦잠을 잤다. 앞으론 도수가 높은 술은 자제해야겠다. 오늘의 주제는 디테일이다. 커피를 마시며 둘이서 나를 야구 감독 김성근과 비교한다. 자전거를 함께 하다보니 내가 디테일에 강하다며 칭찬 같지 않은 칭찬을 한다. 나는 야구를 즐겨 보지도 않고 더욱이 김성근 감독을 잘 모르지만 아무튼 추켜주니 고맙다.

　원목을 실은 대형 화물차가 길이 좁아 우리를 추월할 수 없으니 시끄럽게 경적을 울리며 뭐라고 욕을 하는 것 같다. 무슨 욕인지 알아듣지 못해 다행이다. 내가 알아들었다면 반격을 했을텐데 다행인줄 알아라. 내가 먼저 왔고 너는 나보다 늦게 왔다. 그리고 빨리 달리는 차가 있는 반면 우리처럼 늦게 달리는 차도 있다. 바쁘면 재주껏 추월해라. 나보다 먼저 왔으면 될 일인데 왜 야단이냐.

상규가 비탈길을 힘겹게 올라오고 있다

사실 왕복 이차로 좁은 길에서 대형차가 앞 차를 추월 하기란 쉽지 않다. 갓길이 전혀 없고 오르락 내리락 좌우로 꾸불꾸불한 길이다. 옆으로 비켜줄 틈이 전혀 없다. 참고 기다려라. 우리도 미안한 마음 갖고 열심히 노력 중이다. 다른 차들은 느긋하게 추월 기회가 올 때까지 기다린다.

바다를 끼고 달리니 기분이 좋으면서도 아찔하다. 우측은 가파른 낭떠러지다. 차량이 뜸할 때는 도로 한가운데로 달리기도 하고 내리막에서는 수시로 브레이크를 잡아가며 속도를 조절한다. 오르막 내리막이 계속되고 불과 몇 십 미터 간격으로 길은 좌우로 굽어진다.

휴식을 취하며 핫도그를 사먹고 있는데 한 노인이 먹어보라며 구운 연어 한 조각을 건넨다. 출출할 때 먹으니 맛이 있다. 낯선 사람이 베푸는 작은 친절이 힘을 붇돋아 준다.

물개들의 수상 낙원

오늘부터 한 시간에 11km를 주행하고 휴식할 것을 제안한다. 주행거리를 체크하기 편하고 진도가 잘 나가는듯하다. 오르막이 심해 밀고 올라가는 경우는 예외로 한다.

강태호에게 전화를 하였더니 우리 같은 괴물들을 빨리 보고 싶단다. 우리도 빨리 만나고 싶지만 무리하게 서두를 수는 없다. 순리대로 진행해야한다.

토말레스까지 계획되어 있었으나 미리 모텔을 알아보니 빈 방이 없고 더 진행하기도 곤란하여 토말레스 직전 마을인 밸리포드로 정한다. 그것도 선택의 여지 없이 그 지역에 달랑 하나만 있는 모텔이다. 모텔 앞마당에서 라면을 끓여 먹는다.

윤석아! 어디로 갔니?

06.22.금   밸리포드 ➡ 키르비코브 야영장

상규 자전거의 잠금 장치가 고장이어서 강제로 끊어야만 했다. 시간당 11km 주행하고나서 휴식하는 11전법으로 순조롭게 진행하다 33지점에서 휴식을 취하고 44지점까지 진행하는 중 갈림길이 나오는데 선두로 달려간 윤석이가 보이질 않는다. 약속 지점인 44지점의 5km 전방에서 좌우 어느 길로 갔을까 걱정을 하면서 44지점에 도착해보니 쉬고 있어야 할 윤석이가 보이지 않는다. 전화도 되지 않는다. 윤석이가 다른 길로 갔다면 이곳에서 15km 떨어진 지점에 있을거다. 반신반의하면서 조금 더 나아가니 언덕 위 그늘 아래서 윤석이가 걱정을 하며 우리를 기다리고 있다. 잃어버린 아이를 찾은 느낌이다.

상규와 나의 추측대로 윤석이는 원래 계획했던 도로가 아닌 1번 도로를 따라간 것이다. 갈림길에서 현지인에게 샌프란시스코 가는 길을 물었단다. 갈림길에서 일단 뒤에 오는 우리를 기다렸어야 하는 데 기분 좋게 앞서 간 것이다.

통신이 어려운 곳이어서 서로 전화 연락이 되지 않았고, 우리를 만나지 못했다면 샌프란시스코까지 홀로 점프하려고 했단다. 앞으론 그런 상황이 발생하면 안된다고 다짐하며 55지점까지는 상규, 윤석, 나 순으로 대열을 유지 하기로 한다.

토말레스 만을 따라 65지점 포인트 레예스 스테이션에 이르렀을 때 많은 인파와 비키니 차림의 아가씨들이 보인다. 독특한 분위기의 화랑과 관광객을 상대로 한 기념품 가게가 즐비한 관광지인데 일정을 맞추기 바쁜 우리는 틈을 낼 수 없어 아쉽다.

샌프란시스코에 도착하면 만나기로 한 강태호와 연락을 해야 하는데 전화가 잘 되지 않는다. 1번 국도를 따라 높은 고개를 두 개나 넘어야 한다. 도로공사중인 곳이 있어 일부 구간은 한 차로만 이용해야 한다. 차량이 드물어 괜찮기는 하지만 오르막이 심해 열심히 밀고 올라가야 한다.

내리막 길에서 많은 차들이 끽소리 없이 우리 속도에 맞춰 천천히 뒤따라 온다. 미안한 마음을 전하고 싶지만 방법이 없다. 굴곡이 아주 심해 속도를 낼 수가 없다. 안전 지대로 내려와 자전거를 세우고 뒤를 돌아보니 엄청나게 많은 차들이 줄지어 지나간다. 그들은 우리가 사고 날까 봐 오히려 우리보다 더 조심하며 내려온 것 같다. 이런 태도 역시 미국의 시민 정신이고 미국의 힘일 것이다.

새로 포장을 했지만 경사가 심해 자전거를 밀어야 한다(쇼라인 하이웨이)

산을 내려오니 태호와 통화가 된다. 아직도 우리는 야영장까지 12km를 더 가야하고 오후 8시나 되야 도착한다고 하니 자기가 살고 있는 산호세에서 금문교까지 교통체증으로 시간이 많이 걸려 오늘은 만나기가 어려울 것 같다고 한다. 그리고 내일 아침 만나러 오겠단다. 하는 수 없이 야영장에서 우리끼리 저녁을 해결하는 수 밖에 없다.

상점에서 한끼 먹거리를 준비해서 먹고 있는데 태호로부터 다시 전화가 온다. 이정우와 함께 올 테니 키르비 코브 야영장에서 만나자는 것이다. 태호를 만난 정우가 이야기를 듣고 당장 우리에게 가자고 했다는 것이다. 우리는 식사를 하다 말고 바로 출발한다.

12km거리라 금방 도착할 거라 예상을 했지만 막판에 길을 헤맨다. 우여곡절 끝에 금문교가 내려다 보이는 언덕까지 올라갔지만 날이 어두워

야영장 입구 찾기가 쉽지 않다. 입구에서부터 야영장까지는 어둠 속의 비포장 내리막길이라 만만치가 않다. 자전거를 당기며 내려가는데 밀고 올라 가는 것보다 더 어렵다.

야영장 안에서 관리사무실을 찾을 수가 없다. 멋모르고 남이 예약해 놓은 자리에 들어갔다가 6개월 전에 예약하고 왔다는 이야기를 듣고 미안해 하며 다른 자리를 찾는다. 예약을 안했으니 우리 자리는 없는 것이다. 주변에 작은 주차 공간이 있어 간신히 텐트를 설치한다.

그 사이 태호와 정우가 찾아왔다. 이미 밤 10시가 넘은 시각이지만 정말 고맙고 반가웠다. 서로 안부를 물으며 우선 시내 한식당을 찾아나선다. 오랜만에 고국의 음식을 실컷 먹고 소맥도 마시고 그동안 만나지 못했던 친구들 이야기도 전한다. 마냥 같이 있고 싶지만 정우도 태호도 산호세까지 돌아가려면 1시간이 넘는 거리다. 우리를 야영장까지 다시 데려다 주고 그들이 떠난 시각이 새벽 1시다.

손발도 못 닦고 잠이 든다. 상규가 텐트를 설치할 수 없는 상황이라 내 텐트에서 함께 잔다. 차를 타고 금문교를 건넌 오늘은 2,000km를 돌파한 날이다.

친구들과
북가주 동문들의
환영을 받다

18km, 5시간 20분

마린 헤드랜즈
키르비 코브
야영장
금문교
놉힐

06.23.토　키르비 코브 야영장 ➜ 금문교 ➜ 놉 힐

오늘은 휴식일로 하기로 했으나 예약없이 왔기 때문에 키르비 코브 야영
장에 계속 있을 수 없다. 시내 모텔은 너무 비싸서 약 50km전방의 하프
문 베이 해안야영장으로 가기로 한다. 상규와 윤석이는 더 자고 싶어하
지만 일정에 차질이 생기면 안 된다. 힘들긴 해도 기분 좋은 출발을 한다.
간 밤의 비포장 내리막길을 거꾸로 30여분간 밀고 올라 간다.

　언덕 위에서 금문교를 배경으로 기념사진을 찍는다. 예쁜 미시 둘이 사
진을 찍어달라며 우리에게 다가온다. 다각도로 여러 장의 사진을 찍어주
었더니 나에게 전문가라며 칭찬해준다. 그리고 다시 우리와 함께 사진을
찍는다. 즐겁고 재미있는 순간이다.

　언덕 내리막 끝 지점에서 금문교로 접어들어야 하는데 잠시 엉뚱한 길
로 빠진다. 되돌아와 제 길을 찾아 금문교를 건너기 직전에 4번 지도를

분실한 것을 상규가 알아챈다. 종이 지도가 없으면 남은 일정에 상당히 큰 문제가 생긴다. 그렇다고 당장 새 지도를 살 수도 없다.

상규가 지도를 흘린 지점을 생각해내고 근처에서 주차하고 있는 사람에게 간절히 부탁하여 차를 타고 지도를 찾으러 되돌아간다. 과연 찾을 수 있을까? 다행히 어렵지 않게 찾아가지고 온다. 야영장 입구 문은 닫혀 있었지만 마침 그 근처에 있던 관리인이 주워서 차 트렁크에 넣어두었단다.

드디어 자전거를 타고 금문교를 넘는다. 엄청나게 많은 사람들이 걸어서 혹은 자전거를 타고 지나간다. 그런데 다른 사람들 자전거 속도가 무척 빠르다. 뒤에서 소리 없이 다가와 아슬아슬하게 추월한다. 우리는 감히 흉내 낼 수도 없다.

이른 아침 키르비코브 야영장에서 바라본 금문교

겨우 다리를 건넌 다음 나는 자전거를 어딘가에 맡겨놓고 이곳에 사는 동창 친구들을 만난 다음 다시 자전거를 타고 야영장으로 갈 생각을 했지만, 상규는 샌프란시스코 시내 모텔에서 자자고 한다. 옆에 있던 윤석이도 말없이 동조하는 표정이라 내 주장을 접기로 한다.

예약된 숙소에 가보니 슬럼가에 자리잡고 있고, 모텔 상태도 열악하다. 자전거를 안전하게 보관할 장소도 없다. 주변엔 약을 한 듯한 이상한 사람들도 있다. 그 사이 친구 문영칠이 우리를 태우고 동문회 장소로 데리고 가려고 부인과 함께 왔다.

인도인처럼 보이는 숙소 주인은 2인 1박 200달러에 인원 추가 50달러를 더 내란다. 마음에 안들어 새로운 모텔을 알아보고 이동한다. 영칠이 차에 짐을 싣고 우리는 빈 자전거로 이동한다. 자전거가 깃털처럼 가볍게 느껴진다. 체크인은 나중에 하기로 하고 자전거를 묶어놓고 산호세로 향한다. 오늘이 마침 봄, 가을에 있는 경복고 북가주동문회 야유회 날이고, 우리 소식을 들은 동문회에서 우리를 기다리고 있었다.

문영칠의 자동차로 1시간 40분을 달려 이십 여명의 고교 선후배가 모여 있는 공원에 다다른다. 우리 때문에 일부러 음식을 더 준비해 놓았고, 이미 끝냈어야 할 시간임에도 일부러 기다려준 동문들이 고맙고 감사하다. 과분할 정도의 뜨거운 환영을 받으며 진수성찬으로 잘 차려진 아침 겸 점심을 오후 4시가 되어서야 먹는다. 모두가 놀랄 정도로 엄청 먹어댄다.

동문야유회 참석을 마치고 강태호 부부, 문영칠 부부, 이정우, 김성한과 인근 빵집으로 가서 커피를 마시며 담소를 나누다 문득 자전거 깃발을 분실한 것을 알게 된다. 야유회 장소에서 동문들과 기념촬영 후 놓고 왔다. 태호, 영칠이와 헤어지고, 정우, 성한이와 함께 공원으로 찾으러 갔지만 이미 사라졌다. 20일 넘게 우리 곁을 지킨 정든 물건인데 수명을 다한 모양이다.

차로 산호세에서 샌프란시스코로 가는 사이 눈꺼풀이 무거워지며 졸리다. 정우와 성한이를 그냥 보내기 미안해 인근 맥주집으로 향하는 중 서울에 있는 재일로부터 안부 전화가 온다. 동기들 모임에서

북가주 동문회 날이 마침 우리의 휴식일 이어서 오랜만에 잘 먹었다 (요제프 D.그랜트 카운티공원)

점심식사 중이란다. 그리고 남수가 이 세상을 떠났음을 알린다. 갑작스런 불치병 진단을 받고 시한부 삶을 이어가면서도 우리 여행의 무사, 평안을 기원해 줬는데… 쏟아질듯한 눈물을 억지로 참는다. '남수야 잘 가라.'

성한이와 정우는 캠핑차량을 구입해 언젠가 미국을 일주하고 싶단다. 그때가 되면 우리를 초대하겠단다. 오늘은 미국에 사는 동문들 덕분에 고맙고 의미 있는 날이 됐다.

놉 힐

샌프란시스코

린다마르

61km, 8시간 30분

하프 문 베이   레드우드 시티

데빌스 슬라이드
트레일에서
강풍을 이기지 못하다

06.24.일   놉 힐 ➡ 하프 문 베이

잘 먹고, 푹 쉬고, 출발이다. 마을을 지나는데 주차된 차들 사이에 5달러 지폐 한 장과 1달러 3장이 떨어져 있는걸 발견한다. 아침부터 횡재한 느낌이다. 17km 지점에서 어제 동문 모임에서 만났던 후배 부부를 우연히 만난다. 교회 가다가 우리를 보고 차를 멈춘 것이다. 학창 시절 응원 구호 '쭈알레기'를 외치고 헤어진다.

또 길 찾기 게임에서 많은 시간을 허비한다. 여기 도로는 갓길에 인색하고 평지에 인색하다. 금문교 공원을 지날 때만 빼고 나머지 길은 영 아니다. GPS를 따라가다 보니 비포상 산길이 나온다. 지나는 자전거족에게 물으니 비포장거리가 4km 정도 되고 한 차례 올라 갔다가 내리막 길이란다. 또 다른 남녀 한 쌍의 자전거족이 맞은 편에서 내려온다. 우회로를 물으니 따라오라며 친절히 안내를 한다.

바람이 세기로 유명한 데빌스 슬라이드 트레일에서 터널을 막 통과한 윤석

　데빌스 슬라이드 트레일은 차량통행을 제한해서 자전거와 사람만 다
니는 곳인데 여기서 최고의 강풍을 만난다. 몸과 자전거가 강풍을 이겨내
기 어렵다. 결국 윤석이는 강풍을 이기지 못하고 한 차례 넘어진다. 이어
지는 1번도로는 갓길이 전혀 없고 거센 바람을 맞으며 차들과 함께 가야
한다.

　오늘은 50km 정도만 타고 자전거 정비와 옷 세탁을 하려고 했는데 결
국 60km를 타고 오후 5시경 하프 문 베이 공원에 도착한다. 텐트는 설치
했지만 자전거점이 문을 닫아 수리를 하지 못한다. 바로 옆 텐트에서 비
정상인으로 보이는 여성이 펜을 빌려 가더니 반납할 생각을 안 한다. 내
일은 새벽 6시에 출발하기로 하고 일찍 취침한다.

라 혼다

산호세

하프 문 베이

97km, 13시간 50분

소쿠엘

샌타크루즈

Seat on the Down Road!

06.25.월   하프 문 베이 ➜ 소쿠엘

경치 좋은 바닷가에서 남미 출신으로 보이는 사람이 조그마한 트럭에 여러가지 과일을 늘어놓고 판다. 딸기, 아보카도, 체리 등을 아주 싼 값에 사서 실컷 먹는다. 특히 아보카도는 10개에 99센트로 한국과 비교하면 거저 먹는 셈이다.

오르막길에 이슬비를 맞으며 끌바를 끝내고 쉬고 있는데 예쁜 아가씨 둘이 숨을 고르며 올라 온다.

"아가씨들은 어디까지 가요? 어디서 왔어요?"

"오늘 샌프란시스코에서 출발하여 샌디에고까지 갑니다. 당신들은요?"

그녀들은 활짝 미소를 지으며 우리에게 되묻는다.

"우리는 한국에서 왔고 5월 31일 밴쿠버에서 출발하여 샌디에고까지 가는 중입니다."

"와, 정말 대단해요! 또 만나요!"

짧은 영어 때문에 더 많은 대화를 나눌 수 없는 게 아쉽다. 자전거 앞 뒤로 가방을 네 개씩 단 그녀들이 먼저 떠나고, 잠시 후 우리가 다시 그녀들을 지나친다. 그리고 우리가 휴식 하고 있는데 그녀들이 다시 지나치면서 외친다.

"Seat on the down road!"

내리막길에선 위험하니 엉덩이를 들지 말고 얌전히 앉아서 타라는 이야기다. 상규가 내리막에서 엉덩이를 든 것을 본 모양이다.

오늘 길은 대체로 완만한 편이다. 이슬비도 그치고 자전거를 타기에 최적의 날씨다. 11전법이 제대로 적용되는 아주 훌륭한 날이다. 44지점 직전에 복장을 바꾸고 있는 그녀들을 지나치고 44지점에서 휴식 중 그녀들이 다시 우리를 지나친다. 앞서거니 뒤서거니 하다가 대븐포트에서 휴식 겸 점심을 먹고 있는 그녀들을 또 만난다. 우리도 간단히 간식을 먹고 먼저 출발한다. 그리고는 더 이상의 엮임 없이 그녀

싼값에 싱싱한 과일을 실컷 먹는다

친구가 되고 싶었던 두 아가씨는 젊어서인지 자전거를 가볍게 탄다

들과의 만남은 끝을 맺는다.

산타크루즈에 도착하여 큰 자전거점에 들러 진열된 자전거를 구경한다. 맘에 드는 자전거가 8,000달러다. 여유 돈이 있으면 바꾸어 타고 싶은 마음이 생긴다. 그냥 눈요기만 하고 나와서 수리점에 들러 뒷바퀴 브레이크 패드를 새것으로 교체한다. 마음에 쏙 드는 자전거 바지도 하나 구입한다. 빨래방에 들러 오랜만에 빨래를 하니 몸과 마음이 개운하다.

무시무시한 Big Sur
아름다운 Big Sur

06.26.화　소쿠엘 ➡ 빅서어 야영장

GPS가 몹시 혼란스럽다. 길을 헤매고 갈팡질팡하다 겨우 길을 찾아 종이 지도에 의지해 달린다. 잘 정비된 자전거도로가 1번 도로와 함께 나란히 간다. 제법 큰 도시인 몬터레이는 관광객과 현지 주민들이 해변가 산책로와 자전거 도로를 꽉 메운다.

　몬터레이는 살리나스, 시사이드와 함께 태평양 연안의 대도시를 이룬다. 이름은 멕시코 총독 몬터레이 백작에서 유래했고 1846년 미국령이 되었다. 고래잡이 중심이었으나 요즘은 관광과 군사시설에 사업 기반을 두고 있다. 자연경관이 뛰어나고 일년 내내 온난하며 강수량이 적어 휴양 도시로 유명한 곳이다.

　더위 때문에 겉옷을 벗고 달리다가 추워서 다시 옷을 꺼내 입는 사이 상규와 윤석이가 인파 속으로 사라졌다. 자전거 도로를 따라 한참을 달려도 상규와 윤석이가 보이질 않는다. 길을 잘못 든 것을 알아차리고 지도를 꺼내보니 우리가 가고자 했던 길과는 다른 길이다. 경찰과 현지인 등 여러 사람들에게 길을 물어 되돌아 가는 중 나를 찾아 돌아다니는 상규와 윤석이를 극적으로 만난다.

다시 길을 재촉하며 해안도로 1번국도를 따라 빅서어로 향한다. 상당히 높은 고개를 오르락내리락 한다. 빅서어에 들어서자 누군가가 말한 '창조주가 의도한 지구의 얼굴' 모습으로 기막힌 풍경이 펼쳐진다. 멀리 빅서어의 명소인 빅스비 크릭 다리를 배경으로 수없이 사진을 찍어댄다.

휴대폰 건전지가 소진되어 사진이 더 이상 찍히지 않는다. 상규도 상점에 들어가 커피를 구입하면서 잠시 충전을 했지만 충분치가 못하다.

빅서어를 향한 고개에서 내리막길은 길고 구불구불하다. 바람도 세차다. 그런데도 상규와 윤석이는 쉽게 내려간다. 다행히 내리막길이 새로 포장되어 노면 상태가 좋았고, 다 내려갈 동안 같은 방향으로 진행하는 차가 한 대도 없다.

겨우 도착한 잡화점에서 먹거리를 사려했지만 늦은 시각이라 문이 닫혔다. 야영장에 도착하니 80달러를 내란다. 여직원이 인상도 안 좋고 말투가 거칠다. '3km를 더 내려가면 파이퍼 빅서어 주립공원이 있다'고 안내를 하지만 깜깜한 밤중이라 쉽지 않을 거 같다. 하는 수 없이 거금을 내고 맨땅에 자리를 잡는다. 풀밭도 아니고 완전 흙바닥이다. 그나마 장작불을 지피고 라면을 끓일 수 있어 다행으로 생각한다.

머물고 싶어도 머물 수 없는 곳(몬터레이 비치레인지 로드)

창조주가 의도한 지구의 얼굴 빅서어

그런데 문제가 생겼다. 내일 진행할 구간 중에 고르다 지역 머드 크릭에서 2017년 5월에 대형 산사태가 일어나 카브릴로 하이웨이가 막혔고 아직도 복구공사 중이란다. 그동안 산사태로 55회 이상 도로가 폐쇄될 정도로 산사태가 많은 곳이다. 이곳에서 62km 거리고 머드 크릭에서 우리가 가고자하는 샌루이스오비스포까지는 108km 거리다. 합해서 170km 거리를 건너뛰어야 할 판이다.

어떻게 하나? 어제 지나온 몬터레이까지 차량을 이용해 점프를 해야 하나? 거기도 50km가 넘는 거리다. 무슨 수로 점프를 하지? 우회해서 샌루이스오비스포까지 가는 비포장 산길은 높고 험하고 길어서 불가능하다. 생각지 못한 복병을 만나 머리가 아프다. 하루 밤 자고 나면 훌륭한 생각이 떠오르겠지. 내일 아침에 생각하자.

나의 실수로 인해 예정보다 늦게 도착하고 비싼 야영장에 들고, 사전에 길이 막혔다는 정보도 얻지 못하고, 오늘 일과는 별로 좋지가 않지만 사고 없이 무사함을 다행으로 생각하자.

빅서어는 카멜과 샌시에몬 사이 캘리포니아 중부 해안의 험준한 산악지대를 이른다. 이곳 해안 고속도로는 어떠한 상업적 광고도 허용되지 않을 만큼 개발이 제한되어 있고, 버스 운행도 극도로 제한되고 소수의 화장실만 있을 뿐 갓길 주차공간 조차 거의 없을 정도로 비좁은 도로다.

주 정부의 방침은 '빅서어는 방문객들의 목적지가 아니고 통과하는 구간이 될 것'이라고 한다. 여름철 성수기와 휴일에는 카멜에서 빅서어까지

32km 구간이 교통체증을 일으킨다고 하는데 우리는 화요일에 지나서인지 심심할 정도로 한가하다.

원래는 '남부의 큰 나라'라는 뜻의 스페인 이름 '엘 파이스 그란데 델서'였는데 훗날 미국 영토가 되면서 빅서어로 바뀌었다. '세계에서 육지와 바다의 만남 중 가장 멋진 만남'이며 '야생으로부터 자양분을 섭취하는, 위대한 미국의 휴양지 중 하나'라는 예찬을 받는 곳이고, 요세미티 국립공원과 맞먹는 수준의 방문객들이 전세계에서 찾는 곳이기도 하다.

살리나스

시사이드

몬터레이

몬터레이까지
차를 얻어 타고
되돌아가다

06.27.수 빅서어 야영장 ➡ 몬터레이 ➡ 살리나스

나는 일단 길이 막힌 곳까지 가서 방법을 찾아보자니까 상규는 절대 안된

다며 반대다. 나도 그냥 한 번 해본 소리다. 2014년 여름 국내 자전거여

행 때 써먹던 '갈 때까지 가보자!' 구호는 국내에서는 통해도 드넓은 미국

에서는 안 통한다. 여러가지로 궁리를 하면서 지도를 보니 몬터레이에서

101번 도로를 타고 샌루이스오비스포까지 가면 될 것 같다. 상규와 윤석

에게 내 안을 이야기하니 역시 대장이라고 추켜세우며 동의한다.

　야영장을 나와 400m거리 상점 앞에서 히치하이킹을 해서 몬터레이까

지 되돌아가기로 한다. 마침 움직이려는 픽업 차량을 발견한다. 딸 셋, 부

인과 함께 여행 온 가장에게 우리 사정을 이야기하니 짐칸에 사람을 태우

는 것은 불법이란다. 책임은 우리가 지겠다고 통사정을 하니 승낙한다.

마침 자기네도 몬터레이로 가는 중이었다며 직접 자전거를 안전하게 실

안전하게 자전거를 직접 챙겨주는 세 딸의 아버지

어주기까지 한다. 어제 자전거로 달렸던 길을 차로 되돌아 가니 기분이 썩 좋지는 않다.

　30분만에 몬터레이에 도착했고 어디 있을지 모를 경찰 시선을 피해 얼른 차에서 자전거를 내린다. 난관을 해결했으니 정말 행운의 여신이 우리를 돕는 모양이다. 그 긴 거리를 차를 타고 오면서 보니 정말 이 길을 자전거를 타고 갔었나? 의심이 들 정도로 길고 굴곡이 심한 길이다. 그 미국인과 서로 껴안으며 감사의 인사를 나눈다.

　정보가 전혀 없는 자전거 길을 찾아 나서지만 어제 지나온 길을 다시 맴돈다. 한 상점에서 모텔의 위치를 물으니 곤잘러스에는 숙소가 없고 살리나스로 가야 한다는 것이다. 날씨는 추워지고 곤잘러스는 20km 전방에 있지만 살리나스는 지나온 길을 되돌아 가야 한다. 내일 일은 내일 결

어디로 가야하나? 길을 잃었다!

정하기로 하고 우선 살리나스로 되돌아 가기로 한다.

결국 오늘은 앞으로 나가지 못하고 후퇴한 셈이다. 샌루이스오비스포로 바로 점프할 걸 잘못했나 하는 생각이 들기도 하지만 힘들다고 구간을 빼먹는 것은 바람직하지 않다. 상규는 목적지까지 가는 자전거 길 찾기, 숙소 찾기, 운행 중 GPS 확인하기 바쁘다. 오늘도 숙소 찾느라 앉아서 1시간 넘게 검색하고 결국은 지나온 길을 되돌아가게 된 것이다. 맞바람이 불어 힘들고 춥다. 자전거 타는 것도 힘든 일이지만 매일 먹거리 챙기고, 숙박지 찾고, 길 찾는 게 더 큰 일이다.

속도계와 랜턴을
도난 당하다

살리나스
곤잘러스
83km, 5시간 5분
그린필드
파이퍼 빅 서어 주립공원
킹시티

06.28.목　살리나스 ➡ 킹시티

간 밤에 나와 윤석이의 속도계와 자전거 랜턴을 도난 당했다. 평소 잠을 잘 때는 자전거 부착물을 분리하여 보관하는데 깜박 잊는 바람에 누군가가 나쁜 짓을 하게 만들었다. 상규가 가지고 있던 여분으로 대체한다.

샌루이스오비스포로 가는 길에 숙소를 찾아보니 가까운 곳이 70여 km 이고 먼 곳은 200여 km다. 결국 가까운 곳으로 가서 푹 쉬고 내일 130km 를 달리기로 한다. 바로 101번 도로로 들어선다. 길이 기복도 없고 일직 선으로 곧게 뻗어있다. 달리기가 아주 수월하다. 차량 소음이 문제지만 크게 방해되지는 않는다.

날씨 좋고, 길 좋고, 컨디션 좋아 정오가 되기 전 4시간만에 66km를 달 렸다. 나는 왼손 엄지, 검지, 중지만 저릴 뿐 모두들 몸 상태가 최상급이 다. 누적거리 76km를 달려 킹시티에 도착한다. 타코벨에서 요기를 하고

속도계와 랜턴을 도둑맞은 자리에 다행히 자전거는 그대로 있다

더 진행하려 하지만 숙소는 130km 전방 샌루이스오비스포까지 가야만 있다.

상규가 모텔 말고 근처 야영장을 검색하지만 없다. 수없이 많은 사람들이 어디서 출발하여 어디로 가느냐, 하루에 몇 마일을 달리느냐고 물을 때 마다 항상 같은 대답을 한다. 그때마다 그들은 'Awesome!'을 연발하고 엄지 손가락을 치켜세우며 아낌 없는 응원을 해준다.

오후 1시에 마치기엔 너무 이른 시각이고 주행거리도 너무 짧다. 그러나 더 진행할만한 적당한 거리에는 숙소도 야영장도 없다. 할 수 없이 킹 시티에서 자기로 하고 내일은 반드시 6시에 출발하여 130km 거리에 있는 샌루이스오비스포까지 가기로 약속한다.

거북등처럼 갈라진 길에서 상규가 허리를 다치다

06.29.금 킹시티 ➡ 샌루이스오비스포

어제 약속한 시각보다 조금 더 일찍 5시 55분에 출발한다. 101번 도로 갓길은 전혀 정비가 되어있지 않아 울퉁불퉁하고 거북 등처럼 잔금이 많다. 그 틈새로 풀들이 자라 속도 내기가 어렵고 몹시 털털거린다. 주도로는 콘크리트로 잘 포장되어 있지만 아스팔트가 깔린 갓길은 2-3m간격으로 갈라져 있고 요철이 심해 비포장길보다 힘들고 속도를 낼 수가 없다.

11지점에서 쉬려고 계속 속도계를 보는데 자전거가 털털거리면서 요동을 치는 바람에 속도계가 떨어졌다. 그걸 금방 알아차리고 윤석이와 상규를 멈추게 하고 속도계를 찾아 나섰지만 눈에 띄지 않는다. 셋이서 근거리를 여러 차례 왕복을 했는데도 찾을 수가 없다. 마지막으로 가까운 풀 숲에 모로 서서 박혀 있는 것을 시력이 좋은 윤석이가 기적적으로 찾아낸다. 30분이나 걸렸다.

털털거리는 길이 끝나고 허리가 아파 주저앉은 상규

46지점에서 털털거리는 길은 끝나고 포장 상태가 좋은 길이 나타난다. 좌측 손 저림 현상이 점점 더 빨리 찾아온다. 앞서 가는 윤석이는 휴식 후 다시 주행할 때마다 6-7km지점부터 손 저림 때문에 혈액 순환을 위해 손을 털기 시작한다.

101번 도로 일부 구간은 통행이 허용되지만 일부 구간은 통행이 제한된다. 하지만 계획에 없던 우회로이기 때문에 무시하고 전진한다. 66지점 전방 300m지점에 경찰차가 있었지만 우리가 쉬고 있는 사이 사라진다. 69지점에서 상규 자전거가 펑크 난다. 갓길에 버려진 못이 박힌 것이다. 72지점에서는 공사현장을 만나 1km정도를 되돌아 나온다.

엄청 뜨거운 날씨지만 달릴 때는 맞바람이 불어주고 가끔 있는 그늘은 아주 시원하다. 구름 한 점 없는 하늘에 태양이 작열하니 오후 되면서 조금씩 힘들어진다. 무엇보다 손가락 저림 현상이 문제다. 오늘따라 마실 물도 부족하다.

122지점에서 쉬기로 했는데 상규가 121지점에서 멈춘다. 허리가 아파서 더 타기 힘들다고 한다. 털털거리며 40km를 달리다보니 허리에 이상이 온 모양이다. 잘못되면 도중 하차할지도 모르겠단다. 윤석이와 나는 자전거에 압쇼바가 있어 어느 정도 충격을 흡수하지만 상규는 자전거에 완충 장치가 없어 충격을 더 받았을 것이다. 준비 과정에서 완충 장치에 대해 신경 쓰지 않은 것이 이렇게 문제가 될 줄 몰랐다. 야영장까지 가기로 했다가 상규 허리 때문에 16km 전방에 있는 모텔에서 쉬기로 한다. 내가 허리 아플 때 먹던 약을 주고 근육통에 사용하는 약을 발라준다. 내일 진행이 자못 걱정된다.

샌루이스
오비스포

산타 마리아

128km, 11시간 35분

롬폭

로스 파드
레이스 국유림

가비오타
주립공원

경찰의 안내방송을
무시하고
계속 달리다

06.30.토   샌루이스오비스포 ➡ 가비오타 주립공원

어제처럼 6시에 출발하려 했지만 모두 늦잠을 자고 모텔에서 제공한 아침식사를 하고 출발한다. 흐린 날씨지만 뜨거운 햇볕을 피할 수 있어 오히려 라이딩에 낫다. 잠시 후 지나가는 경찰차가 스피커를 통해 고속도로를 벗어나라고 방송한다. 다른 방법이 없는 상황이라 무시하고 계속 진행한다. 그들은 4차로 중 1차로를 달리며 갓길로 달리는 우리를 발견했지만 접근할 수가 없는 상태였다.

 도로 진출입로에서는 안전상 무조건 자전거에서 내려 끌고 건너기로 한다. 27지점 전방에 경찰차 2대가 정차해 있다. 무슨 사고가 난 모양이다. 우회로를 찾으러 옆길로 나와보니 도로상에 나무가 쓰러져 있어 그걸 처리하느라 출동한 모양이다. 다시 101번 도로로 진입한다. 그 사이 상규 허리가 다행히 괜찮아진 모양이다. 50지점에서 또 윤석이 자전거가 펑크

131

가비오타 주립공원 해변

난다.

　비록 불법 주행이지만 101번 도로의 갓길이 넓고 노면상태가 좋아 달리기가 좋다. 태양이 아무리 뜨거워도 우리는 달리고 달린다. 가비오타 주립공원까지 8km 구간이 바닷가를 끼고 계속 내리막 길이어서 기분이 상쾌하다.

　텐트를 설치하고 일기를 쓰고 있는데 영국에서 혼자 온 40대 후반의 자전거족이 술에 취한 상태에서 "어디서 왔냐?" "북이냐 남이냐?" 같은 질문을 반복하며 재미 없게 말을 건다. 되게 심심한 모양이다. 내가 영어가 짧아 제대로 답변을 못하겠다고 했더니 자기는 한국말을 전혀 모른다면서 계속 관심을 보인다. 토요일이라서 그런지 야영장이 꽉 찼고, 우리는 공원 내 바닷가에서 여유 있게 해수욕을 즐길 시간도 없다.

맥을 끊을래?
목을 끊을래?

07.01.일 가비오타 주립공원 ➜ 맥그래스 야영장

"안녕하세요? 좋은 아침입니다."

이른 아침 관리인이 순찰을 돌며 우리에게 체크인을 했냐며 묻는다.

"어제 늦게 도착하여 오늘 아침에 체크인 하기로 매니저와 약속했습니다."

"아하, 그래요? 여기는 자동기계라 언제든 체크인할 수 있는데 당신들이 잘 몰랐던 모양입니다."

"그렇군요. 지금 바로 결제하겠습니다."

사실 엊저녁에 자동기계가 있는 것을 알았지만 귀찮아서 무시하고 들어갔던 것이다. 신용카드로 10달러씩 3번을 끊는다. 한번에 30달러가 결제되지 않는 이상한 시스템이다. 옆 텐트 영국인이 아침 인사를 하며 엊저녁에 물었던 내용을 또 묻는다.

예쁜 카핀테리아 시내 모습

파리아 비치

깊은 상념에 빠진 상규

"어디서 왔어요? 북이요? 남이요? 어디로 가나요?"

아직도 술이 덜 깬듯하다. 반가운 친구인척 함께 사진을 찍는다.

흐린 날씨에 컨디션이 좋아 상쾌하게 출발한다. 좀 더 일찍 출발했으면 좋으련만 친구들은 둘 다 느긋하다. 나는 왜 느긋하지 못하고 항상 서두르는 것일까? 각자의 취향대로 다닐 수 있다면 좋겠지만 함께 하는 여행이니 서로 조금씩 양보하는 수 밖에 없다.

상규는 이번 자전거 여행이 자기가 살아온 인생 경험 중 최고의 일이라며 금메달을 목에 걸고 싶단다. 자동차 투어를 함께 하기 위해 곧 미국에 도착할 재일에게 플랜카드를 부탁해서 샌디에고에서 환영행사를 해주었으면 좋겠단다. 동시에 우리 부인들 셋이 샌디에고에 와서 우리를 화끈하게 환영해 주면 좋겠다는 욕심까지 드러낸다.

재일이가 항공편을 바꿀 수 있을까? 성수기에 내가 예약한 차량의 임차기간을 변경할 수 있을까? 실행이 어려운 것들을 생각하느라 머리가 복잡해진다. 결국 냉정을 되찾아 원래 안대로 진행하기로 한다.

달릴 때는 힘들어 쉬고 싶고, 쉴 때는 빨리 자전거를 타고 싶다. 상규는 라이딩하는 리듬이 끊기면 다시 라이딩 하기가 힘들다고 한다. 상규가 도로 옆길에서 정지 후 자전거를 끌고 건너기를 무시하고 바로 본선 갓길로 들어가려다 뒤따라 오는 차량과 충돌할뻔한 일촉즉발의 위험을 초래한다. 33지점에서도 비슷한 일로 윤석이가 사고를 낼 뻔했다.

"맥을 끊을래? 목을 끊을래?" "제발 그러지 말자."고 부탁한다.

끝날 날이 멀지 않아 더욱 여유로운 모습(아로요 혼도 비스타 포인트)

42지점 산타바바라 입구에서 순찰차량의 경고방송이 들리면서 우리 뒤를 따라온다.

"고속도로 밖으로 나가시오! 지금 즉시 고속도로 밖으로 나가시오!"

드디어 된통 걸렸구나 생각하며 정지해 있는데 경찰이 차 밖으로 나오지 않고 우리가 도로 밖으로 나갈 때까지 기다린다. 자주 있는 일인 모양이다. 놀란 가슴을 쓸어안고 급히 고속도로 밖으로 도망치듯 나온다.

갑작스레 허기진 배를 '인 앤 아웃'에서 햄버거로 채우겠다며 길을 찾느라 뺑뺑이를 돈다. 나는 상규가 혼자 길 찾는 동안 시원한 그늘 아래서 기다리며 이런 생각을 한다. 그렇게 찾아 헤맬 시간에 자전거 길을 따라 가다가 아무거나 사먹으면 안되나? 우리가 먹자 관광을 온 것도 아닌데. 결국 그 집을 찾아 햄버거를 먹었지만 내게는 그냥 보통의 햄버거일 뿐이다. 그러나 이 역시 나의 생각일 뿐 친구의 취향도 배려하면서 양보할 수밖에 없다.

산타바바라 해변에서 잠시 휴식을 취한다. 경치가 훌륭하기는 하나 많은 차량들과 사람들이 뒤범벅이 되어 정신 없이 복잡하다. 산타바바라를 벗어나니 아주 순탄하다. 자전거 전용도로 표시도 확실하다. 휴양도시라서 그런지 해변을 따라 캠핑차량들이 즐비하다.

맥그래스 야영장을 찾아 간다. 관리인이 인상도 좋고 친절하다. 화목도 거저 준다. 매일 두 친구를 닦달한 덕분에 앞으로의 일정은 좀 여유가 있다. 가벼워진 마음으로 얼마 남지 않은 일정에 대해 구체적으로 의논을 한다.

맥그래스
야영장
옥스나드
117km, 9시간 15분
샌타모니카
맨해튼 비치

LA에 도착해
유종배를
만나다

07.02.월 맥그래스 야영장 ➡ 맨해튼 비치

66지점에서 윤석이 자전거가 또 펑크 난다. 어제 튜브 교체 시 타이어 안에 이물질이 들어갔는지 튜브 안쪽 여러 곳에 스크래치가 나있다. 말리브 해변에서 윤석이가 튜브를 교체하는 동안 나는 잠시 바닷물에 몸을 담그며 태평양을 맛본다.

LA에 예정보다 하루 일찍 도착할 거 같다. 3일에는 쉬고 4일도 일부만 진행하고 쉴 예정이다. 주유소 매점 그늘에서 콜라와 빵을 먹는데 옆에 보니 유통기한이 1-2일 정도 지났지만 멀쩡해 보이는 새알 초콜릿 10봉지, 에너지바 6개, 음료수 2통, 캔커피 1통 등이 버려져 있다. 전혀 문제가 없을 거라 생각하고 간식용으로 챙긴다.

말리브 해변부터 이어지는 길은 자전거 전용도로가 없고, 갓길은 주차된 차량들로 만원이다. 위험하지만 어쩔 수 없이 차도로 들어선다. 다행

히 윌 로저스 해변부터 오늘의 숙
소 레돈도까지 자전거 전용도로
가 있다. LA해변 수 십 km 구간
모래밭에 산책로와 자전거길이
만들어져 있어 수 많은 사람들이
산책하고, 자전거를 탄다. 드넓
은 백사장 여기저기에는 일광욕
을 즐기는 사람들로 북적거린다.

유효기간이 하루 이틀 지났다고 버림받은 간식거리

맨해튼 비치에 도착한다. 윤석이는 자전거를 지키고 나와 상규는 인근
스타벅스를 찾아 커피 한 잔을 시켜놓고 인터넷을 한다. 우선 숙소를 찾
고 정우, 종배 등과 통화를 하고 시간 약속을 한다. 종배는 우리가 숙소에
도착할 무렵 택시를 보내겠단다. 나는 잠시 아내와 통화하여 건강하게 잘
지내고 있음을 알린다.

해변으로부터 2-3km떨어진 숙소에서 저녁 9시경 종배가 보낸 택시를
타고 30분 거리의 한인타운까지 간다. 종배는 중고등학교를 같이 다녔지
만 학창시절 이후 지금껏 교류가 없어 낯선 사람이나 다름없다. 그럼에도
동기 동창이라는 인연만으로 우리에게 아낌없는 친절을 베푼다. 오랜만
에 소맥에 삼겹살을 실컷 먹는다. 아무리 먹어도 배가 부르지 않다.

종배 차를 타고 그가 운영하는 회사로 간다. 한 달 전인 6월 4일 포트
타운센드에서 우편으로 종배에게 보냈던 우리 짐에서 깃발 등을 꺼낸다.

옥스나드의 포트 와이니미 로드에서 노스 벤투라 로드로 좌회전 중.
때론 차량들과 동등한 자격으로 신호등의 지시를 받고 진행한다

1972년 가족과 함께 남미로 이민을 갔다가 다시 미국으로 이주한 종배는 트럭 운전 등 고생끝에 자수성가해 지금은 연매출 수백억원에 달하는 물류회사를 운영하고 있다. 종배는 다시 우리를 숙소까지 데려다 주고 내일 다시 만나기로 한다. 서울에 있는 김석곤에게 전화하여 플랜카드를 이야기 했더니 이미 재일이가 준비해 놓았으니 안심하란다.

JMT 트레킹을 위한
10일치 식량을
중간보급소로 보내다

맨해튼 비치

하루 쉬면서 25일 후 존 뮤어 트레일 트레킹 때 사용할 물자를 준비한다. 아침에 친구 김광연의 부인 백여사께 보이스톡을 보냈으나 받지 않는다. 백여사는 LA에 이주해 살고 있는 딸 희진의 산후조리를 위해 마침 미국에 와 있다. 희진에게 연락하니 바로 받아 우리가 7월 8일 LA공항으로 이동할 때 오후 1시경 자기집에 들려 달란다. 그리고 카톡으로 샌디에고 가는 길목에 있는 유명한 커피집과 카페를 알려준다. 하는 짓이 하도 예뻐서 '내 딸이었으면 좋겠다'는 생각까지 든다.

　빈 방을 예약하려니 냄새가 지독한 흡연 방 밖에 없다. 일단 예약을 했는데 나중에 금연 방이 생겨 먼저 예약한 방을 취소하려니 100달러를 추가 결제해야 한단다. 정말 말도 안 되는 웃기는 일이다. 매니저를 만나서 어렵게 해결한다.

141

사실 우리끼리 자전거 타고 돌아다니면서 물건 사고, 우체국 가고, 빨래방 찾아 돌아다니기가 쉽지 않다. 그런 우리의 사정을 잘 알고 있는 종배가 안내를 해주려고 일부러 차를 몰고 왔다. 함께 필요한 물건이 있을 만한 몇 곳을 돌다가 한인상가로 들어간다. 완전한 한인촌이라 그냥 한국에 있는 느낌이다. 상가 식당가에서 각자 취향에 맞는 식사를 마친 후 트레킹 때 사용할 라면, 누룽지, 꿀, 과자, 초콜릿, 육포, 부탄가스 등을 구입한다.

그리고 커다란 플라스틱 통 두 개를 사서 그 안에 물건을 차곡차곡 넣는다. 물건 구입을 마치고 빨래방으로 간다. 윤석이는 빨래방에 남아 있고, 나와 상규는 우체국으로 간다. 나이 많은 우체국 직원이 택배 방법을 친절히 알려 주어 예상보다 일이 쉽게 마무리 된다. 존 뮤어 트레일 중간 지점인 뮤어 트레일 랜치에 10일치 식량을 보냈으니 트레킹이 이미 시작

우체국을 통해 뮤어 트레일 랜치로 보내는 트레킹 할 때 먹을 식량

된 거나 다름없다.

빨래방에서 빨래를 찾아 다시 친구 박남수가 기다리는 한 시간 거리의 LA 인근 어바인으로 간다. 오랜만에 만나는 친구의 얼굴에서 학창 시절의 옛 모습이 보인다. 덩치 크고 조용했던 수 십 년 전 모습이 생생하다. 식사를 하면서 많은 대화를 나눈다. 남수는 그동안 사업 관련하여 북한을 다섯 차례나 다녀왔다고 한다. 조금 늦게 이정우가 온다. 장소를 옮겨 위스키를 마시며 떠들다 헤어진다.

정우가 내일 우리가 머물 야영장에 찾아오겠다고 해서 위치를 알려준다. 친구들 덕분에 즐거운 하루였다. 특히 종배가 종일 운전해 주며 우리 일을 도와주어서 고맙다. 자전거 여행을 포함하여 남은 일정도 성공적으로 끝날 것 같은 느낌이다.

34일만에 처음으로 자전거를 전혀 타지 않은 날이지만 자전거를 타는 날보다 더 바빴다.

펑크! 펑크!
또 펑크!

맨해튼 비치

리돈도 비치

토런스

60km, 12시간 30분

로미타

롱 비치

롤링힐스

07.04.수　맨해튼 비치 ➡ 롱 비치

아침에 화장실에서 허리를 삐끗한다. 연중행사처럼 발생하는 허리 통증
이 심해질까 걱정이다. 좀 있다가 자전거를 타고 살살 움직여보니 괜찮은
듯하다. 며칠만 더 견뎌주면 좋겠다. 날씨가 뜨거워지기 전에 일찍 출발
해야 하는데 움직일 생각들을 않는다. 며칠 남지 않았는데 왜 이리들 시
간을 끄는지 모르겠다.

　어찌되었든 결국 맨해튼 비치를 달린다. 미국 독립기념일인 오늘 엄청
많은 사람들이 쏟아져 나왔다. 그들도 우리처럼 공휴일을 무척 좋아하는
모양이다. 11지점에서 상규가 길을 찾는 동안 깃발이 또 사라진걸 발견
한다. 짐을 내려놓고 온 길을 되돌아 가니 고맙게도 누군가 주워서 찾기
쉽게 길가에 얌전히 놓았다. 한국에서 준비해 온 세 개 중 마지막 남은 깃
발이었는데 다시 찾아 무척 반갑다. '밴쿠버에서 샌디에고까지, 경복49자

넓은 하늘 넓은 바다 넓은 해변

전거 모임. 김기인, 이윤석, 한상규'라고 적힌 깃발을 자전거에 매달고 달리면 자긍심이 우러나오는듯하여 소중하다.

학교 숙제라며 아버지와 함께 나온 8살짜리 쌍둥이 소녀가 가판대에서 수제 레모네이드를 판다. 귀엽기도 하지만 마침 목이 말라 75센트씩 3잔을 사서 마시고 아이들과 기념 촬영도 한다.

잘 되지 않는 구글 지도를 믿고 길을 지나치는 바람에 또 다시 길 찾기 게임이 시작된다.

종이 지도를 보니 아무래도 수상하다. 마침 지나가는 한인 자전거족에게 길을 물으니 우려했던대로 완전 반대방향으로 가는 중이다. 그는 우리

쌍둥이 소녀가 학교 숙제라며 아버지의 도움을 받아 수제 레모네이드를 팔고 있다

의 긴 자전거 일정에 대해 듣고서는 '미쳤다'를 연발한다.

친구들은 아침에 목표로 했던 다나가 아닌 라구나 비치에서 자자고 하고 나는 야간 주행을 해서라도 뉴포트에서 자자고 제안한다. 해변에서 노숙도 제안해 봤지만 결국 라구나 비치까지도 못갔다.

또 다시 상규 자전거의 바람이 빠졌다. 새 튜브가 없어 수선을 해서 사용해야 하는데 접착제가 불량품이어서 엉터리 수리를 마치고 결국 근처에서 자기로 한다.

임기응변으로 펑크를 때웠지만 얼마 가지 않아 롱 비치에서 펑크, 또 펑크다. 오늘은 펑크 때우다 볼 일 다 보았다. 날은 이미 어두워져 헤드랜턴 불을 밝히고 바퀴를 빼고 튜브를 때웠다.

결국 썬셋 비치에 예약한 111달러짜리 숙소는 취소가 안되어 돈만 날

열심히 반대 방향으로 질주하고 있다

리고 롱 비치에 숙소를 다시 예약한다. 한 시간 넘게 열심히 자전거를 끌고 밤 11시가 넘어 도착한다. 가다가 밤 하늘을 수놓은 불꽃놀이를 실컷 구경한다. 정말 힘든 하루였다.

허리가 아프다,
삼 일만 더 버텨라

어제 골치아픈 일을 너무 많이 겪은 탓일까, 9시가 다 되어서야 일어났다. 또 허리가 아프다. 삼 일만 더 버텨주면 좋으련만. 조심조심 가벼운 스트레칭을 해본다. 좀 나아진 것 같다.

상규가 내 자전거에 펑크 난 뒷바퀴를 싣고서 인근 자전거점에 들러 수리를 해온다. 그런데 운행을 하려다 보니 뒷바퀴 조립 과정에서 체인을 잘못 걸었다. 분해 조립을 다시 한다.

길 상태가 좋았다가 나빠지기를 반복한다. 해변을 따라 가기도 하고 시내 복판으로 가기도 한다. 라구나 비치를 지나는 길엔 자전거길이 없어 하는 수 없이 좁은 인도에서 자전거를 끌고 간다.

22지점 해변에 도달하니 탁자도 있고 음용수도 있어 매트리스로 바닷바람을 막아가며 라면을 끓여 먹는다. 아침에 빵 조각을 조금 먹고

148

매트리스로 바람막이를 하고 라면을 끓인다.
배가 안고파도 쉬어갈 수 밖에 없는 분위기다.(헌팅턴 비치 바이크 트레일)

출발해서 몹시 배가 고팠다. 옆에 있던 사람이 이것저것 묻더니 역시 'Awesome!'을 연발하며 엄지손가락을 치켜 세운다.

33지점에서 길가 어느 집에 딸린 조그마한 공간에 의자가 있어 앉아 쉬고 있는데 주인 아주머니와 아들이 나와 우리가 밴쿠버에서 샌디에고까지 가고 있다고 했더니 놀라며 편히 쉬고 가란다. 음료를 권하길래 '콜라 있습니까?' 했더니 없단다. 그리고 끝이다. 아무거나 시원한 걸 달라고 했었어야 하는데 후회된다.

오늘 저녁은 간만에 스테이크를 먹자고 하여 상점을 찾아보니 해안 도로에서 800m나 떨어져 있다. 지친 상태에서 시내 800m는 가까운 거리가 아니다. 포기를 하고 아이스크림 하나씩 먹은 다음 바로 옆 피잣집에서 피자 한 판을 주문해 먹는다. 셋이서 피자+흑맥주가 33달러면 아주 착한 가격이다. 모처럼 여유를 부리며 많은 관광객들과 함께 저녁 노을을 바라보며 감상에 젖는다.

주립 야영장까지 2.4km는 늦은 시각이어서 불을 밝히고 주행한다. 야영장 관리인은 사무실에서 자전거 야영장까지 16km나 된다며 즐거운 농담을 한다. 야영장을 찾아 헤메고 있으니 관리인이 따라와서 정확한 위치까지 안내한다. 피자로 저녁을 대신했기에 모닥불만 지피고 잠자리에 든다. 나는 이것저것 정리하느라 새벽 1시경이 되어서야 잠을 청한다.

**군사지역이니
외국인은 돌아서 가라!**

07.06.금   샌클레멘테 ➡ 라호이아

해가 중천에 떠 올랐고 아주 뜨겁다. 허리가 약간 쑤신다. 이틀만 더 버텨라. 인근 한 시간 거리에 사는 교민이 가족들과 캠핑을 왔다. 인사를 나누었더니 간밤에 구웠다며 큰 고구마 5개를 갖다 준다. 이렇게 안면을 터야 떡이 생기는 법이다. 잠시 후 그 교민이 고맙게도 다시 블루베리와 음료 4봉지를 준다.

길은 어제보다 한결 수월하지만 대낮의 열기는 대단하다. 라스폴가스 로드를 통해 스튜어트메사 로드를 이용하려 했는데 21지점에서 군인 둘이 장총을 들고 검문을 한다. 미국인만 통과할 수 있는 군사지역이라며 외국인은 돌아가란다. 우리가 머리에 버프를 뒤집어 쓰고 나타나서 수상하게 생각했던 모양이다. 총까지 들고 있으니 돌아가는 수 밖에 없다.

5번 국도를 타고 오션사이드로 빠진다. 샌디에고에 살고 있는 한상욱

151

가족들과 여행 온 교민(캠플랜드 온 더 베이)

으로부터 전화가 온다. 라호이아 캠프그라운드에서 야영할 예정이라고 하니 오늘 찾아오겠다고 한다. 친구를 만나 회포를 풀 기대를 하며 열심히 달리고 있는데 다시 전화가 온다. 교회일로 오늘은 도저히 안되겠단다. 교회에서 회의를 하는데 반드시 참석해야 한다고 압력이 들어온 모양이다.

하는 수 없이 저녁 먹거리로 고기 등을 구입하여 야영장에 도착했지만 한 구획당 127달러란다. 해도 너무하다. 빅서어에서 80달러에 야영한 것도 억울했는데 한 술 더 뜬다. 차라리 모텔이 낫겠다. 그러면 고기는 어찌하나? 주변 모텔을 알아보니 거리가 너무 멀고 가격도 비싸다. 울며 겨자 먹기로 비싼 야영을 하기로 하고 예약하려는데 조금 전 것은 그 사이 남에게 넘어가고 마지막으로 150달러짜리가 남았단다. 그냥 맨땅에 전기

끝 없이 이어지는 태평양 연안엔 가는 곳마다 많은 사람들로 붐빈다

시설이 있을 뿐인데. 미국 인심이 다 좋은 건 아니다. 빨리 체념하고 고기를 굽고 장작을 피우고 D-1일을 즐겁게 보낸다.

드디어 종점, 멕시코 국경이다!

라호이아

50km, 5시간 45분

츌라비스타

미국

티후아나   멕시코

07.07.토   라호이아 ➡ 멕시코 국경

드디어 오후 2시에 멕시코 국경에 도착한다. 국경 너머 멕시코 땅에서 요란한 음악 소리가 들려온다. 5월 31일 오후 1시 캐나다 밴쿠버 베니에 공원을 출발하여 수십 만 번 페달을 밟고 수천 번 기어 변속을 해가며 3,234km를 달렸다. 돌이켜보니 무지해서 일을 저질렀다. 이렇게 힘든 여정인 줄 미리 알았다면 출발할 수 없었다. 길에서 만난 사람들 말마따나 우리는 미쳤다. 미치지 않고는 이런 도전을 할 수가 없었다. 자칫 죽음을 담보로 한 무모한 도전이었다.

아내의 적극적인 지원과 아들, 딸의 열렬한 응원이 없었다면 이 일을 결코 해낼 수가 없었다. 그리고 길동무 상규, 윤석이와 일심동체가 되어 움직이지 않았다면 해낼 수 없는 일이었다. 이런저런 추억이 될만한 사건은 있었어도 한 건의 불미스러운 신체사고는 없었다.

선량한 미국 시민들의 도움도 많이 받았다. 가끔 야박한 운전자들로부터 길을 막는다고 욕을 먹기도 했다. 그러나 대부분의 시민들은 'Awesome!'하며 찬사를 아끼지 않았다. 그들의 응원에 힘을 얻어 매일 새롭게 각오를 다지며 출발했다.

추위에 떨며 패딩점퍼를 벗지 못하고 라이딩을 한 적도 많았다. 우의를 뒤집어 쓰고 비를 맞으며 달리기도 했다.

아름다운 해변에서 잠깐 잠깐 눈요기만 했을 뿐 즐기지도 못하고 앞만 보고 달렸다. 엉덩이가 쑤셔오고 손이 저리다 못해 마비가 되었다. 긴 오르막길을 두 시간씩 끌고 올라가고 10km가 넘는 내리막 길을 순간 속도 55km를 찍으며 내려갈 때 옆바람을 맞고 휘청거리는 아찔한 순간들도 있었다.

자전거 전용도로는 귀신처럼 나타났다 사라지기를 반복했다. Bike Share the Road라는 표지판이 있는 자동차·자전거 공용도로에서는 차량들과 동등한 자격으로 함께 달려야 했고, 갓길 없는 도로에서는 한 쪽 귀퉁이를 구걸해야만 했다.

야영장이 꽉 찼다며 문전박대를 받고, 불 없는 야밤에 두 시간씩 끌바를 해서 도착한 모텔에서 200달러가 넘는 숙박료를 지불하기도 했다.

자전거가 수없이 펑크가 나고 수리하기를 반복했다. 종이 지도만 의지할 수 없어 GPS까지 동원했지만 종일 길 찾는 게 일인 경우도 있었다. 수많은 언덕 라이딩도 어렵지만 매일 매일 길 찾기, 먹거리 챙기기, 숙소 찾

아는 길도 물어서 가야 한다(사완 엠바르카데로)

페리를 타고 샌디에고만을 건넌다

멕시코 국경 주립공원의 표지석

기가 더 어려웠다.

그래도 출발지와 중간 경유지에서 동문들을 만나 과분한 대접을 받았다. 그들이 보여준 친절과 우정은 사막을 건너는 힘든 여정에서 오아시스와 같은 것이었다. 한국에 있는 친구들의 응원도 만만치 않았다.

마지막 종착지에서 깜짝 쇼가 벌어진다. 미국 달라스에 사는 상규 딸 미셸이 휴가를 내어 예고 없이 기다리고 있었다. 샌디에고 공항 근처 모텔까지 40km를 자전거를 타고 돌아가기 싫었던 차에 상규 딸이 천사처럼 나타난 것이다. 캔맥주 한 박스를 사 들고 우리가 있는 국경까지 차를 몰고 왔다. 정말로 반갑고 고마운 일이다.

38일에 걸친 대장정이 끝나는 순간, 가슴 벅찬 감동, 안도의 한숨과 함께 한 사람의 얼굴이 떠올랐다.

"여보! 나! 해냈어! 고마워! 사랑해!"

미서부해안 3,200km라이딩 기록

날짜	날씨	숙소	출발	출발시각	도착시각	도착	주행시간	주행거리 km	누적거리 km
05.31	맑음	C	Vancouver Vanier Park	13:00	18:40	Peace Arch RV Park	5:40	58	58
06.01	맑음	C	Peace Arch RV Park	9:00	20:50	Larrabee State Park	11:50	73	132
06.02	맑음	C	Larrabee State Park	9:40	21:00	Fort Ebey State Park	11:20	92	224
06.03	비	M	Fort Ebey State Park	9:40	14:30	Port Townsend	4:50	29	253
06.04	비	M	Port Townsend	11:30	19:00	Silverdale	7:30	69	322
06.05	흐림맑음	M	Silverdale	9:00	20:00	Shelton	11:00	79	401
06.06	맑음	C	Shelton	10:00	19:00	Centralia	9:00	100	501
06.07	비맑음	C	Centralia	9:00	20:00	Castle Rock	11:00	87	588
06.08	흐림비	M	Castle Rock	8:50	18:00	Cathlamet	9:10	50	637
06.09	비맑음	M	Cathlamet	8:00	20:00	Seaside	12:00	85	722
06.10	비비비	M	Seaside	9:35	18:00	Garibaldi	8:25	65	787
06.11	맑음	C	Garibaldi	8:15	19:30	Lincoln City	11:15	99	887
06.12	맑음	C	Lincoln City	8:45	21:50	Heceta Junction	13:05	118	1,005
06.13	비맑음	M	Heceta Junction	8:05	14:00	Reedsport	5:55	47	1,052
06.14	맑음	C	Reedsport	9:30	21:10	Ballards Beach	11:40	105	1,157
06.15	흐림맑음	C	Ballards Beach	7:00	17:10	Gold Beach	10:10	96	1,253
06.16	흐림맑음	C	Gold Beach	6:40	20:40	Klamath	14:00	121	1,374
06.17	맑음	C	Klamath	6:40	20:05	Arkata	13:25	105	1,479
06.18	흐림	M	Arkata	7:45	23:00	Garberville	15:15	129	1,608

06.19	맑음	C	Garberville	10:10	20:10	Westport	10:00	78	1,686
06.20.	흐림맑음	C	Westport	7:05	21:00	Anchor Bay	13:55	123	1,809
06.21	맑음	M	Anchor Bay	8:25	20:10	Valley Ford	11:45	99	1,908
06.22	맑음	C	Valley Ford	7:30	21:30	Golen Gate Kirby Cove	14:00	98	2,006
06.23	맑음	M	Golen Gate Kirby Cove	8:50	14:10	Nob Hill Inn	5:20	18	2,024
06.24	맑음	C	Nob Hill Inn	8:30	17:00	Half Moon Bay	8:30	61	2,085
06.25	이슬비 맑음	C	Half Moon Bay	6:40	20:30	Soquel	13:50	97	2,182
06.26	흐림맑음	C	Soquel	6:30	21:10	Big Sur	14:40	124	2,306
06.27	맑음흐림	M	Big Sur	10:20	20:10	Salinas	9:50	60	2,366
06.28	맑음	M	Salinas	7:55	13:00	King City	5:05	83	2,449
06.29	흐림맑음	M	King City	5:55	19:30	San Luis Obispo	13:35	137	2,586
06.30	흐림맑음	C	San Luis Obispo	8:05	19:40	Gaviota State Park	11:35	128	2,715
07.01	흐림맑음	C	Gaviota State Park	8:25	20:20	McGrath	11:55	117	2,832
07.02	흐림맑음	M	McGrath	7:45	17:00	Manhattan Beach	9:15	117	2,949
07.03	흐림맑음	M	Manhattan Beach			Manhattan Beach	0:00	-	2,949
07.04	맑음	M	Manhattan Beach	10:40	23:10	Long Beach	12:30	60	3,009
07.05	맑음	C	Long Beach	11:30	21:30	San Clemente	10:00	82	3,091
07.06	맑음	C	San Clemente	8:50	19:00	La Jolla	10:10	93	3,184
07.07	맑음	M	La Jolla	8:15	14:00	Boder Field State	5:45	50	**3,234**
Camping21, Motel17						일평균	10:40	87	

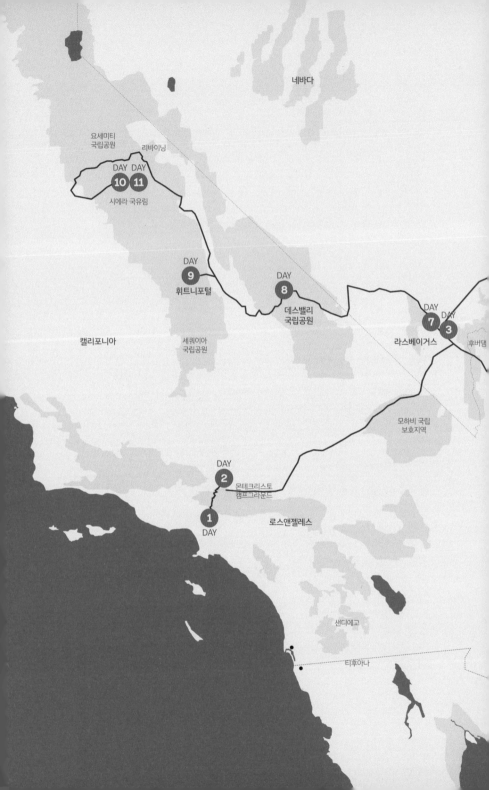

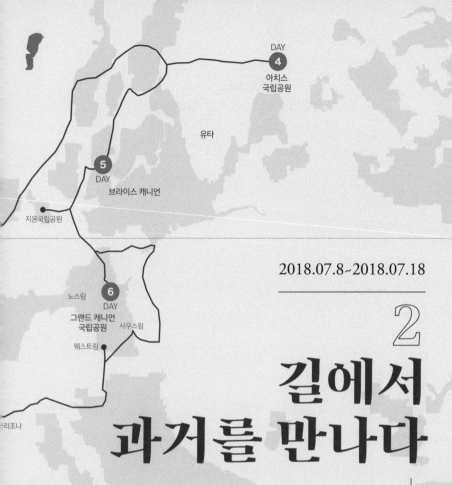

DAY
4
아치스
국립공원

유타

5
DAY
브라이스 캐니언

지온국립공원

2018.07.8~2018.07.18

노스림
6
DAY
그랜드 캐니언
국립공원
사우스림

웨스트림

리조나

2

길에서
과거를 만나다

**미국서부 국립공원
차량투어 5,200km**

김기인
한상규
이윤석
이재일

서부사막의 국립공원

미국 간 김에 자전거만 타는 것으로는 만족할 수 없어 관광지도 둘러보려고 계획을 잡았다. 그런데 미국 땅을 깊이 공부할수록 여행길이 점점 더 복잡해지고 어려워졌다. 이래서는 죽도 밥도 안되겠다 싶어 여행길을 단순화 하기로 했다.

태평양 연안 자전거길에서 크게 벗어나는 관광은 하지 않고 차량을 이용하여 서부의 국립공원 위주로 다니기로했다. 미국 작가 월리스 스테그너Wallace Stegner 1909-1993가 '국립공원National Park은 미국이 만들어낸 아이디어 중에서 최고의 아이디어다.'라는 말을 남겼는데, 미국의 국립공원은 전 세계 국립공원의 모범이 되었다.

미국의 국립공원 59곳 중 LA에서 접근하기 쉬운 공원은 그랜드캐니언이다. 여기서 시작하여 아치스 국립공원, 브라이스캐니언, 지온 국립공원, 데스밸리를 경유하는 11일간의 여행 계획을 세우고 여행을 마치는 장소는 존 뮤어 트레일 트레킹을 시작하는 요세미티 국립공원으로 계획을 세웠다.

미국을 여행하는 많은 사람들은 특히 옐로우스톤이나 그랜드캐니언 같은 국립공원을 많이 여행한다. 나는 자주 시간을 낼 수가 없어 이런 곳들을 묶어 한 번에 마치고 싶었다

차량을 임대하고 한국에서 날아온 재일이가 합류하면서 분위기가 더욱 활기차고 자전거보다 훨씬 여유로운 여행을 시작하였다. 마트에서 자동차 여행과 야영에 필요한 물품을 구입하고, 하루 평균 500km를 뛰는 자동차 여행이 시작됐다.

집에 앉아서 계획을 짤 때는 거창하고 어려운 여행이라 생각했지만, 막상 차를 몰고 다니다 보니 국내 여행보다 특별히 더 힘들거나 어렵지 않았다. 오히려 더 쉽고 재미 있는 느낌이었다.

미대륙의 광활함과 엄청난 규모의 자연공원에 놀랐고, 어떤 예술가도 감히 흉내 낼 수 없는 신이 빚어낸 자연의 경이로움에 감탄했다. 국립공원마다 자연 풍경이 전혀 다른 모습을 보여주어 신기했다.

낮에 느낀 감동과 흥분을 잠재우지 못하고 밤마다 모닥불을 피워놓고 와인으로 여행의 피로를 달래는 재미도 쏠쏠했다.

수시로 소나기를 맞고, 밤이면 추위에 떨다가도 낮에는 뜨거운 태양에

몸이 달궈졌다. 데스밸리 국립공원의 배드 워터란 곳에서는 섭씨 50도의 날씨에 몸을 통째로 삶는 줄 알았다.

이젠 추억 속에 자리잡은 아름다운 그곳, 언제 다시 가볼 수 있을까…

백여사님,
대단히 감사합니다

로스앤젤레스

07.08.일 LA

상규와 함께 샌디에고 공항에 소재한 렌터카 회사로 갔다. 서울에서 인터넷으로 예약할 때는 7월 8일부터 20일까지 13일간 1,440달러였는데 이것저것 붙이고 세금까지 1,765달러를 내란다. 네비게이션도 잘 되지 않아 이 차 저 차 고르다 포드SUV로 선택을 한다. 뒤 트렁크가 넓어 자전거 싣기에도 편해 보인다. 렌터카 회사에서 시간이 오래 걸려 11시 전에 윤석에게 전화하여 모텔 체크아웃을 부탁한다.

김광연의 딸 희진이와의 약속이 늦을 것 같다. 숙소에서 12시경 출발하면서 희진이와 백여사께 메시지를 보낸다. 길을 헤매다 2시 반이 되어서야 희진 집에 도착한다. 백여사와 희진이가 반갑게 맞아준다. 머나먼 타국에서 친구도 없는 자리에 부인과 딸의 환대를 받을 줄은 예상 못했다.

온전히 한국식 진수성찬이다. 백여사의 정성이 듬뿍 담긴 식사를 염치

백여사님 진심으로 감사합니다

없이 받아먹고 두 시간 반을 머물다가 4시 반경 나온다. 한국에서 예약한 모텔 숙소를 먼저 찾아가 윤석이는 숙소에 남고 나와 상규는 자동차 투어를 함께 할 재일이를 맞으러 렌트한 차를 끌고 공항으로 달려 간다.

몬테크리스토
캠프그라운드

헐리우드

로스앤젤레스

재일아!
미국에서 만나니
더욱 반갑다

07.09.월   LA ➡ 몬테크리스토 캠프그라운드 MONTE CRISTO CAMPGROUND

일찍 일어나도, 늦게 일어나도 부담이 없다. 깨우고 싶은 마음도 없고 오히려 내가 더 늦잠을 자고 싶다. 게으름을 피우다 국립공원을 다 다니지 않아도 된다. 자동차 투어의 마지막 날 18일에 요세미티에 도착하기만 하면 된다.

엊저녁 무엇을 잘못 먹었는지 밤새 여섯 차례나 설사를 했지만 괜찮아 졌다. 렌터카 회사를 다시 찾아가서 윤석이와 재일이까지 운전자로 등록을 한다.

다음으로 찾은 곳은 자전거점이다. 임무를 마친 자전거를 한국으로 가져가기 위해 미리 박스 포장을 해야한다. 15달러에 3개를 사서 뜨거운 햇볕을 피해 자전거 포장이 편한 곳을 찾았지만 눈에 띄지않아 결국 종배 사무실로 찾아간다.

재일이가 한국에서 가져온 플랜카드

자동차 여행 첫 야영지인 몬테크리스토 캠프그라운드

종배 회사는 넓은 화물차 주차장이 있지만 한여름의 열기를 피해 휴게실로 들어가 작업을 한다. 에어컨 바람에도 불구하고 끙끙거리며 작업을 하다보니 얼굴에서 땀이 줄줄 쏟아진다. 박스가 좀 작아 뒷바퀴는 타이어, 튜브까지 분리한다. 그리고 자동차 여행과 존 뮤어 트레일 트레킹에 필요치 않은 물건들을 포장 박스 안 쪽 빈 공간에 쑤셔 넣는다. 고된 임무를 마친 자전거는 우리가 다시 돌아올 때까지 한 달간 종배네 창고에서 휴식을 취할 거다.

자동차 여행과 트레킹에 필요한 물품들을 구입한 후 LA 교외에 있는 몬테크리스토 야영장으로 달려간다. 인기척이 전혀 없는 외딴 곳으로 고즈넉한 분위기가 아주 좋다. 모닥불을 피우고 재일이가 가지고 온 양주로 건배하며 네 사람의 합류를 축하한다. 모닥불 주위에서 시간 가는 줄 모르고 웃고 떠들다가 새벽 2시가 되어서야 잠든다. 즐거울 내일을 기다리며.

으흑, 교통범칙금 345달러

07.10.화   몬테크리스토 캠프그라운드 ➡ 후버댐 ➡ 웨스트림 ➡ 라스베이거스

야영장 이용료를 지불하지 못하고 떠난다. 관리인이 없으니 지불할 방법이 없다. 어쩌면 무료인지도 모르겠다. 먹거리를 챙기고 그랜드캐니언으로 향한다. 500km가 넘는 길은 인가가 보이지 않는 허허벌판이다. 너울처럼 춤추는 듯한 도로는 끝도 없이 이어진다. 교대로 운전하며 곧장 동쪽으로 달리다 보니 경도 변화에 따라 시간대도 바뀌었다.

그랜드캐니언 가는 길목에 있는 후버 댐을 들른다. 1936년 완성 당시 불더 댐Boulder Dam이라 불렸으나 1947년 허버트 후버 대통령을 기념하여 후버 댐Hoover Dam으로 명칭이 변경되었다고 한다. 애리조나주와 네바다주 경계에 있는 그랜드캐니언의 하류 블랙캐니언에 위치한 댐은 기저부 폭이 200m, 높이 221m, 길이 411m 이다.

5년간 21,000명의 인력이 동원 되었고, 공사 과정에 112명의 사상자를 내기도 했지만, 지금은 캘리포니아주의 농업은 거의 이 댐에 의존하고 있다고 한다. 엄청난 규모의 토목공사가 이루어졌을 과거의 모습이 그려진다.

또한 후버 댐으로 인해 생긴 인공호수 미드Mead호 일대는 국립 휴양지로 지정되었고, 라스베이거스는 후버 댐 건설로 인해 크게 성장한 도시가 되었다. 많은 관광객이 섭씨 38도의 무더위에도 땀을 흘리며 찾아올 만큼 유명한 관광지다.

그랜드캐니언 웨스트 림West Rim으로 들어가는 길에 비가 억수로 쏟아진다. 운전대를 잡은 상규가 해지기 전에 도착하려다 깜박 과속을 한다. 커브 길에서 차가 흔들리고 춤을 춘다. 친구들이 조심하라고 말하는 순간 어디서 나타났는지 경찰차가 사이렌을 울리며 쫓아왔다.

도로변에 차를 세우고 운전석 창문을 열자마자 젊은 경찰관의 야단치는 소리가 마구 쏟아진다. 상규는 연신 "Sorry Sorry" 하지만 그냥 넘어갈 기세가 아니다. "술 마셨냐?" "마약 했냐?" 다그치며 과속에 중앙선을 넘어 지그재그로 달렸다는 것이다.

경찰이 상규를 차에서 내리라고 하더니 경찰차로 데리고 간다. 우리는 참견할 수도 없고, 차에서 내리지도 못하고 숨을 죽이고 얌전히 앉아 한참을 기다리니 345달러짜리 범칙금 고지서를 받아온다.

의기소침해진 상규와 운전을 교대하고 다시 목적지로 향하는데 앞이 보이지 않을 정도로 폭우가 또 쏟아진다. 비를 피해 다른 차들과 같이 길

기저부 폭이 200m, 높이 221m, 길이 411m 후버 댐의 위용

옆에 피신해 있다가 결국 되돌아가기로 결정한다. 원했던 목적지로 가지 못하고 한 시간 반 거리의 라스베이거스에 숙소를 정하고 오늘 일정을 마무리 한다.

4인에 100달러짜리 뷔페 식당에서 식사를 마친 후 친구들은 라스베이거스에 온 기념으로 재미 삼아 카지노에서 게임을 하러 나갔지만 나는 관심이 없고 피곤해서 숙소로 올라가 샤워 후 잠든다. 다음날 얘기를 들어보니 다들 조금씩 잃었단다.

유타주

아치스
국립공원

그랜드 캐니언
국립공원

라스베이거스

아치스 국립공원
가는 길

07.11.수 라스베이거스 ➡ 아치스 국립공원

끝이 없을 것만 같은 황량한 벌판을 달린다. 형형색색의 흙과 바위들의
오묘한 조합이 아!하고 감탄사를 연발케 한다. 700여km를 달리는 동안
태양은 뜨겁게 쏟아지고, 맑고 푸른 하늘에 뭉게구름이 그림처럼 피어오
른다. 아주 오랜 세월 동안 물과 바람이 흙과 바위를 깎아 만들어낸 대자
연의 장관을 바라보니 나 자신이 한 점 티끌처럼 느껴진다.

작열하는 태양이 빗물과 바람을 부려서 대지 위에 서로 다른 모습을 만
들어냈다. 그것을 자동차 안에서 몇 시간에 감상한다는 것이 못내 아쉽
다. 두 발로 걸으면서 벅찬 감동을 느끼면 좋으련만 정해진 일정 때문에
불가능한 일이다. 욕심을 버려야한다.

나는 이 대지의 황량함에 반했다. 황량함은 아무것도 없음이다. 나는
황량함을 사랑한다. 텅 빈 황량함 속에 오랜 세월의 이야기가 들려온다.

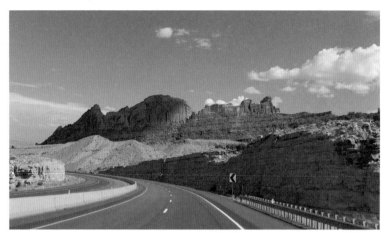
자연이 만든 거대한 조각품

몇 날 며칠을 들어도 끊이지 않을 과거의 소리다.

아치스 국립공원 안에 있는 야영장까지 가는 포장도로가 있지만 지름길을 택해 비포장도로 40여km를 달린다. 덜컹거림이 오히려 유쾌하다. 뒤따라 오는 흙먼지가 좋다. 원시상태의 정적과 황량함이 한없이 아름답다. 할 수만 있다면 이곳에서 잠시나마 살아보고 싶다.

야영장 2km 전방에서 홀로 차에서 내린다. 사막의 열기를 맛보고 싶었다. 완전무장을 한다. 종아리만 햇볕에 노출시키고 나머지 신체부위는 모두 감싼다. 긴 팔 상의에 바람막이 옷을 걸치고, 챙 있는 둥근 모자를 쓰고, 손수건으로 얼굴을 가린다. 남들이 보기에 이상할 지도 모르나 걸을 만하고 견딜 만하다.

아치스의 자연이 빚어낸 명물을 여러 각도에서 사진을 찍어가며 걷다

아치스 국립공원 야영장 입구

아치를 구경하고 나오는 관광객들

재일이와 아치 아래의 사람이 대비되면서 아치의 크기를 가늠할 수 있다

황량한 벌판 한 가운데에서 잠시 휴식을 취한다

가 친구들과 다시 만나 야영장의 빈자리를 알아보지만 이미 꽉 찼단다. 마음씨 좋아 보이는 관리인 영감님에게 통사정을 하였더니 예약이 취소된 자리 하나를 허락한다. 사용료를 물으니 우스갯소리로 '그냥 자빠져 자'라고 한다. 이렇게 고마울 수가. 관리인이 있는 곳에서 이런 공짜 숙박은 처음이다.

비가 올 듯 말 듯, 바람까지 심해 텐트 설치가 여의치 않은데 이웃 야영객이 약간의 도움을 준다. 차량을 방패 삼아 바람에 견딜 수 있도록 튼튼하게 설치한다. 비가 오다 말다 하는 와중에 라면을 끓이고 밥을 데운다. 재일이가 준비해 온 볶음고추장 등 밑반찬이 있어 오늘 저녁은 아주 맛있다.

야영장의 정돈된 환경에, 푸짐한 식사에, 넉넉한 와인에 웃음을 자아내는 이야기 꽃이 이어진다. 10시가 넘으니 이웃 텐트에서 조용히 해달라는 주문이 온다.

아치스 국립공원

아치스(Arches) 국립공원

브라이스 캐니언

07.12.목　아치스국립공원 ➡ 브라이스캐니언

아침 일찍 일어나 혼자 일출을 감상하고 주변을 산책한다. 식사 후 친구들과 한 시간 정도 주변을 트레킹 한다. 아치스의 풍광에 경탄을 금할 수 없다. 1928년 이후 천연기념물로 지정되었다가 1971년부터 국립공원이 되었다고 한다. 300평방킬로미터가 넘는 넓이에 바닷물이 증발하고 1억 년 넘게 침식하며 2,000개 이상의 천연 아치가 만들어졌다. 지난 50년간 42개의 아치가 무너졌다고 한다. 모두 다 볼 수는 없지만 정말 대단한 경험이다.

　끝없이 넓은 사막 위에 솟아있는 바위들은 태양열과 비바람에 침식되어 만들어지기까지 참으로 오랜 세월이 걸렸다. 그리고 또 다시 오랜 세월에 걸쳐 사라질 것이다. 기나긴 세월의 흐름 중 찰나에 불과한 한 순간의 모습을 보기 위해 엄청 많은 관광객들이 이곳을 찾는다. 공원 출입구

상상을 뛰어 넘는 아치 아래 나의 존재가 무색하다

에 입장료를 내기 위해 많은 차량들이 줄 서있다. 우리는 어제 비포장도로 샛길로 들어가서 입장료를 내지 않았지만 일부러 그런 것은 아니다. 구경 삼아 그리고 황무지를 경험하고자 지름길로 들어갔을 뿐이다.

자연이 자연에 의해 변형된 모습은 신비로울 수 밖에 없다. 비바람에, 뜨거움에, 차가움에 미세하게 변화를 계속해온 자연이다. 우리는 단지 찰나에 불과한 순간에 영원을 느낀다. 자연은 그 속에 수 없이 많은 과거의 이야기를 담고 있고, 언제 끝날지 모를 미래의 이야기를 미리 쏟아내고 있다.

이 장엄한 자연에 경의를 표하기 위해 계속 발길을 멈추고 싶지만 일정에 쫓기는 우리들의 사륜마차는 마구 달린다. 다음 행선지인 브라이스캐

도로변이 자연 조형물들의 전시장이다

니언에 다행히 우리의 야영지가 만들어졌다. 야영지 규정상 모닥불을 피울 수는 없지만 오늘 하루는 복 받은 날이다. 혼자 앉아 오늘 찍은 동영상을 보고 있는데 슬며시 친구가 다가와 곁에 앉는다. 그도 짧았던 오늘 하루가 먼 옛날처럼 그리웠던 모양이다. 아치스에서는 더워서 모기장만 치고 옷을 벗고 잤는데, 브라이스캐니언에서는 잠시 우모복을 입어야 할 정도로 서늘하다. 비 예보는 있었지만 다행히 오지 않았다.

브라이스 캐니언 -지온 국립공원

브라이스 캐니언

지온 국립공원

그랜드캐니언 노스림

07.13.금 　브라이스 캐니언 ➡ 지온 국립공원 ➡ 그랜드캐니언 노스림

밤에는 히말라야처럼 아름다운 별들로 장식한 하늘을 보고 낮에는 지구에서 오직 이곳에만 존재 하는 신비스런 자연의 궁전을 본다.

　아치스 국립공원의 반 정도 넓이인 브라이스캐니언의 썬라이즈 포인트Sunrise Point에서부터 트레킹이 시작된다. 계곡으로 내려가는 길에서 보이는 곳곳이 요정들의 궁전처럼 절경이고 장관이다. 글로는 표현할 수 없는, 상상을 초월하는 경이로움에 말문이 막힌다.

수백만 개의 크고 작은 돌기둥들이 아침 햇살을 받아 오렌지색으로, 백색으로 그리고 황색, 남색, 보라색 등의 무지개 색깔로 우리를 현혹시킨다. 보는 각도와 시간의 흐름에 따라 햇빛에 의한 음양의 조화로 인해 위에서 내려다보는 모습과 아래에서 올려다 보는 모습이 또 달라진다.

요정들이 살고 있을 듯한 거대한 바위 궁전 속에서 수천만 년의 이야기가 소곤소곤 들려온다. 찰나에 불과한 인간이 무한한 세월이 만들어낸 자연예술품을 감상한다. 빠져나오기 힘든 아름다움의 늪에서 요정들의 유혹을 뿌리치고 겨우 빠져나온다.

브라이스 캐니언과 이웃해 자리잡고 있는 지온 국립공원으로 이동한다. 공원 내를 순회하는 셔틀버스를 타고 9번 정류장까지 이동한다. 가파른 수직 절벽을 호위병처럼 양쪽에 거느린 어마어마한 지온 계곡은 붉은색을 띤 무른 퇴적암이 400만 년간 패여서 만들어졌고 지금도 침식이 진행 중이다.

협곡이 깊어 햇빛이 바닥에 닿지 않을 정도인 이곳의 가파른 절벽엔 푸른 숲과 폭포도 있다. 사암 기둥과 바위 피라미드들이 성스런 분위기를

수 백 만개의 크고 작은 돌기둥들이 아침 햇살을 받아 오렌지색으로, 백색으로
그리고 황색, 남색, 보라색 등의 무지개 색깔로 우리를 현혹시킨다

자아낸다. 또한 난이도가 다른 다양한 등산로가 있고, 엔젤스랜딩에 오르면 절벽과 협곡의 장관이 펼쳐진다고 하나 우리는 계곡 트레킹만 하기로 한다.

엄청난 바위 군이 계곡 양쪽으로 도열해 있고, 그 위용에 압도 당하며 많은 관광객이 유쾌한 표정으로 트레킹을 한다. 때로는 험하고 탁한 물길을 거슬러 가기도 하는데 해맑은 미소의 어린 아이들이 흙탕물 속을 첨벙거리며 한껏 즐기고 있는 모습을 감상한다.

순진무구한 아이들의 재잘거림이 절벽 사이에서 공명하며 메아리쳐 울려 퍼진다. 한 시간 가량의 짧은 왕복 트레킹이지만 수백만 년의 시간여행이다. 장관에 도취해 기분이 좋아진 재일이가 낸 250달러짜리 저녁을 먹고 내일의 관광을 위해 그랜드캐니언 노스림 North Rim 으로 향한다. 노스림 초입에 위치한 카이밥 국유림 Kaibab National Forest 야영장에 머문다.

그랜드캐니언
노스림
-사우스림

07.14.토   그랜드캐니언 노스림 ➡ 사우스림 ➡ 라스베이거스

엄청난 유명세를 갖고 있는 그랜드캐니언이 궁금하다. 1919년 국립공원
으로 탄생하고, 1979년 유네스코 세계자연유산으로 지정된 그랜드캐니
언은 깊이가 1,500m, 폭이 짧게는 50m에서 길게는 30km에 이르고, 길
이가 445km나 되는 실로 거대한 계곡이다. 6백만 년 동안 지질학적인 활
동과 콜로라도강에 의한 침식으로 엄청난 장관을 만들어냈다.

　가까이 도달하기 전까지는 본래의 모습이 전혀 보이지 않지만, 진입로
도 만만치 않은 경관이다. 미국인들은 참으로 복 받은 사람들이다. 유명
세 만큼 관광지 숙소도 규모가 엄청나다. 잘 정리정돈된 모습이 누구라도
최소한 하루 정도는 머물고 싶은 분위기다.

　절벽 위 전망대에서 시야를 꽉채운 엄청난 장관의 그랜드캐니언을 내
려다 본다. 압도당할 수 밖에 없는 경관에 그저 와우! 감탄사만 연발할 뿐

이다. 아무리 자연의 힘이 대단하다지만 보고 또 보아도 놀라움의 연속이다.

나도 그랜드캐니언의 한 부분이 되어 영겁의 세월을 함께하고픈 생각이다. 내 머리 속의 과거를 모두 지워버리고 그랜드캐니언으로 다시 꽉채우고 싶다. 아치스가 설렘이라면, 브라이스는 사랑스러움이고, 지온이 성스러움이라면 그랜드캐니언은 그리움이다. 이런 장관을 바라보고 있노라니 곁에 없는 아내에 대한 그리움과 미안함에 눈물이 쏟아질 것같다.

사우스림South Rim으로 향한다. 노스림에서 사우스림을 찾아가는 길가의 풍광 또한 순간 순간 감탄사를 자아내게 한다. 왜 우리에겐 이런 게 없을까 하는 질투심까지 느낀다. 사우스림 마터포인트에는 노스림과는 비

계곡 건너 노스림쪽을 바라보며 감탄사를 자아낸다

그랜드캐니언은 자연이 만든 최고의 예술품이다

교가 되지 않을 정도의 관광객들로 인산인해다. 아래에 펼쳐지는 계곡의 모습이 '죽기 전에 반드시 보아야 할 명소'라는 말을 실감하게 한다.

사우스림에서 바라보는 노스림 쪽의 모습 또한 새롭다. 이곳을 다시 방문할 기회가 생기면 깊은 계곡 속으로 내려가 몇 날 며칠이 걸리더라도 잊지못할 트레킹을 하고 싶다.

인근에 마땅한 숙소가 없어 장시간 운전대를 잡고 또 다시 라스베이거스로 향한다.

데스밸리 국립공원

데스밸리
국립공원

라스베이거스

07.15.일   라스베이거스 ➡ 데스밸리 국립공원

1933년 국가기념물로, 1984년 국제생물권보전지역으로, 1994년 국립공원으로 선정된 데스밸리 국립공원은 면적이 13,650평방킬로미터로 수백만 년 전 형성된 데스밸리와 파나민트밸리 두 개의 큰 계곡이 있다.

7월 평균 기온이 섭씨 31도에서 47도, 12월 평균 기온이 4도에서 18도다. 우리는 이름도 무시무시한 데스밸리로 들어간다. 왜 데스밸리라는 이름이 붙여졌는지 궁금하다.

데스밸리의 자브리스키 포인트에서 보이는 전망은 꽤나 신비스럽고 기기묘묘한 풍광이다. 5백만 년 전 푸르나스크릭 호수 바닥에 있던 침전물 속의 광물이 산화하면서 서로 다른 색상을 만들어냈다. 이곳에서 눈에 띄는 것은 검은 모자를 눌러 쓴 듯한 모습의 언덕인데 용암이 흘러나와 굳은 것이라고 한다. 그리고 지각활동에 의해 형성된 지형이 마치 하나의

190

해수면보다 855m 아래에 펼쳐진 배드워터 베이슨Badwater Basin

작은 산맥을 이룬 듯하다. 이곳 해돋이가 일품이라지만 사전 정보가 없었 던 탓에 일출을 보진 못했다.

오후 1시 기온이 섭씨 47도다. 상상을 초월하는, 처음 겪는 온도다. 햇 볕을 막으려고 얇은 겉옷으로 온 몸을 감쌌지만 오래 버틸 수는 없다. 버 틸 수 있는 데까지 버티면서 두 눈에 풍광을 담고 머리에 간직한다. 그리 고 해수면보다 855m나 아래에 펼쳐진 배드워터 베이슨Badwater Basin을 찾 아간다. 입구에 '오전 10시 이후 산책 또는 하이킹은 권장하지 않습니다' 라고 한글과 함께 8개국어로 경고문이 적혀 있을 만큼 무서운 곳이다.

다른 관광객들은 기념촬영을 위해 입구 근처에서 조금만 나갔다 돌아 오지만 우리는 Death를 체험하기 위해 좀더 깊숙이 들어간다. 20분쯤 걸 어들어가니 넓은 소금호수가 나타나고 잔가시가 돋힌 소금결정체들이

'오전 10시 이후 산책 또는 하이킹은 권장하지 않습니다'라고 한글과 함께 8개 국어로 경고문이 적혀있다

잔가시가 돋힌 소금결정체들이 물 속에서 보석처럼 빛난다

물 속에서 보석처럼 빛난다. 끝없이 펼쳐진 호수에 소금 꽃이 만발해 있다. 단순한 풍경인데 아름답고 점점 더 빠져들게 만드는 마력을 느낀다. 어느새 온 몸이 타들어 간다.

우리라고 오래 버틸 수는 없다. 왜 '데스'인지 충분히 체험했다고 생각하며 되돌아 나온다. 한 시간 정도의 체험으로 발은 하얗게 소금에 절여졌다.

근처 푸르나스크릭에 위치한 야영장을 찾아간다. 땅 바닥에 풀도 자라지 않는 야영지엔 아무도 없고 우리뿐이다. 이런 날씨에 야영 자체가 미친 짓이다. 그렇지만 또 언제 이런 극한체험을 해보겠는가? 각자 텐트를 설치하고 한 쪽에서는 고기를 구우며 저녁식사 준비를 한다. 해가 졌는데도 뜨거운 공기가 숨을 막히게 한다. 찜질방보다 더한 뜨거운 맛이다. 그럼에도 나는 습관적으로 재미 삼아 모닥불을 피운다. 극도의 이열치열을 맛보기 위해서다. 샤워를 하듯 온 몸에서 땀이 줄줄 흐른다.

저녁을 먹고 나서 야영장 끄트머리에 자리한 수영장을 찾아간다. 몇몇 손님들이 있었지만 잠시 후 모두 사라지고 우리들 넷만 남는다. 열기를 식히려고 물 속에 들락날락하면서 자판기에서 차가운 콜라를 자주 뽑아 마시지만 그래도 덥다. 야영장의 텐트로 돌아가는 걸 포기하고 밤새 비치의자에 누워 잠을 청하지만 쉽지 않다. 자는 둥 마는 둥 밤을 지샌다.

Moving Rock의
흔적은 어디에?

07.16.월   데스밸리 ➡ 휘트니포털

잠시 사막의 모래언덕을 거닐어 본다. 바람이 만들어낸 예술적 모래언덕이 참으로 기묘한 모습이다. 이어서 '움직이는 돌Moving Rock'이 있는 곳을 가기 위해 레이스트랙 밸리 로드를 찾아 40km에 이르는 비포장길로 접어든다. 상규가 핸들을 잡고 쉴 새 없이 덜컹거리며 힘들게 두 시간을 넘게 달린다. 차가 흔들리는 와중에도 다들 잘 잔다.

오가는 차량도 전혀 없고 길이 너무 험해 되돌아 가자고 했지만 평소 도전을 즐기는 상규는 "도전!"이라며 멈추질 않는다. 어렵사리 현장에 도착한다. 물이 마른 진흙 호수 위 허허벌판에 '그랜드스탠드'라는 이름을 가진 섬이 떠있다. 우리는 말라버린 망망한 호수 위를 돌아다니며 '움직이는 돌'을 찾아 한 시간 동안 헤맸지만 결국 찾지 못하고, 그것을 찾아 헤맸던 듯한 차 바퀴 자국만 보았다.

바람만이 만들 수 있는 살아 움직이는 예술작품

　안내 게시판에 사진과 함께 돌의 움직임에 대해 과학적인 설명이 쓰여져 있다. 몰아치는 강풍에 미끄러운 진흙 위를 수십 킬로그램의 돌멩이가 이동하였다고 하는데 아무도 장기적으로 관찰한 기록이 없으니 아직도 미스터리인 셈이다. 그리고 우리는 움직이는 돌을 구경도 못했는데 누군가 슬쩍 가지고 갔는지도 모를 일이다.

　돌을 못봐 아쉽지만 좋은 경험을 했다 생각하고 되돌아 나온다. 이번엔 내가 운전대를 잡았다. 가다가 마주 오는 차를 겨우 한 대 만났을 정도로 이곳을 찾는 사람은 가뭄에 콩 나듯 거의 없는 듯하다. 만약 이곳에서 사고가 난다면 꼬박 이틀은 걸어야만 포장도로에서 지나가는 차를 만날 수 있을 것이다. 다행히 4륜구동의 포드차가 고장 없이 능력을 발휘해 험지를 무사히 벗어났다.

움직이는 돌을 찾아갔던 사람들의 흔적이 모여있는 티케틀 갈림길 Teakettle Junction

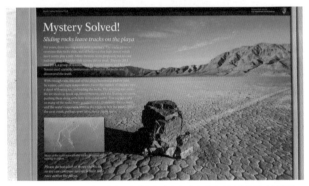

현장에 미스터리가 해결되었다는 안내판이 있지만, 정작 사진 속의 돌을 찾지 못했다.

강풍이 몰아치는 화산 분화구 우베헤베 크레이터Ubehebe Crater를 거쳐 오늘 숙박지로 향한다. 3주 후 존 뮤어 트레일 트레킹을 마칠 장소인 휘트니포털이다. 거목들이 빽빽이 들어찬 숲 속 야영장이 첫 눈에 맘에 든다. 트레킹 시작을 하기도 전에 끝 지점을 봤으니 존 뮤어 트레일 트레킹을 반드시 마처야겠다.

요세미티
국립공원

07.17.화　휘트니포털 ➡ 요세미티 밸리

야영장을 떠나면서 미국에서 제일 높은 휘트니산을 눈으로 찾아보지만 어느 봉우리가 가장 높은지 알 수가 없다. 어쩌면 더 안 쪽에 숨어있는지도 모르겠다. 요세미티를 찾아가는 길에 준 호수June Lake를 모른 척하고 지나칠 수가 없다. 아름다운 숲과 웅장한 산을 배경으로 한 조용하고 아담한 호수다. 호숫가에 꽤많은 사람들이 휴식을 즐기고 아이들은 물놀이에 바쁘다. 우리도 잠시 물 속에 몸을 담그며 망중한을 보낸다.

리 바이닝Lee Vining 상가에 들러 기념품 코너에서 존 뮤어 트레일 전체가 찍힌 위성사진을 구입한다. 내게는 아주 소중한 기념품이 될 것이다.

요세미티 인근에 여의도 면적 12배 크기의 엄청난 산불이 났다. 그래서 요세미티 서부 쪽으로 접근하는 길은 통제를 한다고 한다. 다행히 우리는 동부 쪽에서 티오가 로드Tioga Road로 접근한다. 산불은 보이지 않지만 자

요세미티 밸리 야영장 입구. 이미 예약이 종료되어 이용하지 못했다

욱한 연기를 목격하면서 요세미티 국립공원으로 들어선다.

　말로만 듣고 사진으로만 보던 거대한 엘 캐피탄 암벽을 눈 앞에서 보게 되니 매우 감개무량하다. 그나저나 주변 야영장이 모두 만원이다. 여행 성수기에 이곳에서 야영하기가 하늘의 별 따기만큼이나 어려운 모양이다. 미국인들도 밤을 새워가며 줄을 서기까지 하는 모양이다. 우리는 차를 몰아 30여km 떨어져 있는 브리달벌 크릭 야영장까지 간다. 다행히 여러 곳에 자리가 비어있다. 자리를 잡고 이용료 18달러를 봉투에 넣어 철제 통 안에 넣는다. 그리고 조용한 숲 속에 몸을 맡긴다.

요세미티 밸리

브리달벌 크릭
캠프그라운드

정식으로
존 뮤어 트레일
허가서 JMT Permit 를 받다

이른 아침 출발하려고 텐트를 정리하는데 젊은 여성 관리인이 순찰을 돌다 우리에게 다가온다.

"어제 밤 누가 하모니카를 불었지요?"

"저요! 저요!"

"원더풀! 여기서 몇 년 근무했는데 하모니카 소리는 처음 들었습니다. 그리고 멜로디가 이 숲에 아주 잘 어울렸어요. 오늘 저녁에도 부탁해요!"

보드카 한 잔에 흥이 나서 몇 곡 불렀더니 이른 아침에 의외의 찬사를 받는다. 기분 좋은 출발이다.

존 뮤어 트레일 트레킹을 위한 짐 꾸리기가 만만치 않다. 최소한의 짐만 챙기고 나머지는 재일이와 윤석이가 타고 가 반납할 렌터카 편으로 LA의 종배네 사무실로 보내기로 한다. 배낭을 꾸려보니 무게가 엄청나

산불 연기에 휩싸인 요세미티

글라시아 포인트

다. 내일부터 시작되는 모험에 감이 안서지만 어떻게 하든 도전할 생각뿐이다.

그라시아 포인트를 찾아가 요세미티의 명소인 하프 돔을 조망한다. 산불로 인한 연기가 어제 그제보다 심해 조망이 흐릿하다. 나무가 타서 생기는 매캐한 냄새까지 느껴진다. 모처럼 찾아온 미국의 아름다운 자연인데 하필 산불이라니, 하지만 그대로 받아들일 수 밖에 없다. 자연은 늘 변하게 마련이다.

관광안내소에 한국을 떠나기 전 이메일로 받은 존 뮤어 트레일 트레킹 허가 내용을 제출하고 정식으로 '허가서JMT Permit'를 받는 순간 잔잔한 감동이 찾아든다. 168일 전에 이메일로 신청을 했고, 18일동안 추첨에 떨어지다가 막판에 당첨되었다. 트레킹 도중 후각이 예민한 곰들의 습격을 피하기 위해 모든 음식물과 냄새 나는 것들을 보관하는 검은 플라스틱 통 일명곰통을 받자 나와 상규는 비로소 트레킹이 시작됨을 느낀다.

존 뮤어 트레일 트레킹 허가를 받은 사람들만 사용할 수 있는 야영장을 찾아갔지만 트레킹에 참여하지 않는 재일이와 윤석이까지 함께 잘만한 여건이 되지 않아 어제 잤던 브리달벌크릭 야영장을다시 이용하기로 한다.

2018.07.19~2018.08.07

3

구름따라 걷다

—

존 뮤어 트레일^{JMT} 트레킹 360km

리사드

볼턴
브라운 산

DAY 굿데일 산
핀쇼 산
15 핀쇼 패스
크

디아먼트 피크
AY **16** 블랙 산
렌패스

DAY **17**
베릭슨 산
포레스트패스
윌리엄슨 산

휘트니산
DAY DAY 휘트니 포털
DAY **18** **19**
20
DAY

김기인

한상규

두 발로 걸어야만 만날 수 있는 천국
존 뮤어 트레일

존 뮤어 트레일 John Muir Trail 줄여서 JMT라고도 함 은 한마디로 아무런 대가를 지불하지 않고 만날 수 있는 천국이면서 호수의 나라다. 도대체 호수가 몇 개나 될까? 그리고 갈림길은 얼마나 많을까? 과연 원시 그대로일까?

두 발로 걸어갈 수 있는 길은 내 손금만큼이나 가지가 많고, 호수는 내 손바닥의 땀구멍만큼이나 많은 것 같다. 정말 내가 미국에 살고 있다면, 그리고 허가증이 따로 필요치 않다면 수시로 존 뮤어 트레일에서 뻗어 나간 모든 길을 다녔을 것이다.

특히 토마스 에디슨 호수 Lake Thomas Edison 주변을 따라 나있는 모노크릭 트레일 Mono Creek Trail 은 이번 여행에서 가보지 못해 몹시 아쉬운 곳 중의 하나다. 트레일에서 트레일로 이어지는 모든 길을 다녀본 사람이 있을까? 근대 미국의 위대한 환경운동가였던 존 뮤어가 바로 그 사람일까?

존 뮤어 트레일은 요세미티밸리에서 시에라네바다 산맥의 능선과 계곡을 따라 4,418m 높이의 휘트니산까지 358km나 되는 길고 험하고 아름다운 길이다.

1백만 년 전 빙하 침식작용 등으로 만들어진 이곳엔 4,000m 안팎의 많은 봉우리와 수천 개의 호수가 계곡, 목초지, 침엽수림들과 어울려 미국에서 가장 아름다운 산악 경관으로 뽑힌다.

존 뮤어 트레일은 요세미티 국립공원과 킹스캐니언 국립공원, 세콰이어 국립공원등 세 곳의 국립공원과 존 뮤어 야생지역과 앤젤 애덤스 야생지역을 포함하고 있는 인요 국유림을 통과한다.

이곳의 주인은 동물, 식물, 바위, 산, 호수, 계곡 등 공원 내에 존재하는 모두를 망라한다. 인간은 관리만 할 뿐 결코 주인은 아니다. 따지고 보면 관리할 필요도 없다. 자연은 손을 대면 자연이 아니다. 있는 그대로 두어야 한다.

아침식사로 누룽지, 행동식으로 에너지바, 육포, 건빵, 저녁식사로 라면 등 10일치 식량을 짊어지고 요세미티 해피아일스 트레일 헤드를 출발한다. 38일간 자전거 여행을 했기 때문에 체력이 보강되어 트레킹이 쉬울 건지, 아니면 피로가 누적돼 트레킹이 힘들 건지 나도 모르겠다. 냄새나는 음식을 담는 곰통을 포함하여 20kg이 훌쩍 넘는 배낭을 짊어지고 3,000m가 넘는 높이의 고개를 십여 차례 오르락내리락 하며 매일 20km

씩 걷기란 쉽지 않은 일이다.

리틀 요세미티 밸리에서 첫 야영을 하며 우리처럼 존 뮤어 트레일을 트레킹하는 여러 나라 사람들을 만나 서로를 격려한다. 다음날 지도 판독을 잘못하여 본선Main Route에서 벗어난다. 자연의 유혹에 어쩔 수 없이 끌려간 것이다. 덕분에 존 뮤어가 사랑했던, 구름도 쉬어간다는 클라우즈레스트에서 살아 숨쉬는 자연을 감상하고 본선에 들어선다.

생각보다 많은 사람들이 트레킹을 한다. 그러나 모두가 존 뮤어 트레일을 걷는 건 아니다. 수많은 트레일 중 각자 형편에 맞는 길을 택해서 다니는 것이다. 그 중 우리처럼 단번에 존 뮤어 트레일 전 구간을 다니는 사람을 만나면 왠지 서로 경의를 표해야할 고수 같은 느낌이 들고 더 빨리 가까워진다.

매일 예정한 장소에서 야영하는 것을 원칙으로 삼았지만 오후로 접어들면서 적당히 조정을 하기도 한다. 때로는 비 때문에, 때로는 힘들고 지쳐서 예정보다 일찍 트레킹을 끝내기도 하지만, 대체로 예정된 거리보다 조금씩 더 가게 된다. 아름다운 경치가, 예쁜 호수가, 시원한 계곡물이 우리를 그렇게 만든다.

그러다가 도나휴 패스Donohue Pass를 넘을 때 콩알만한 우박을 한 시간 넘게 맞았는데 머리통이 터지는 줄 알았다. 다행히 그 후로 우박은 없었지만 비는 수시로 맞았다. 오며 가며 여러 나라 사람들을 만나고 헤어지기를 반복하는데 오가는 인사말도 무척 다양하다.

예정보다 하루 일찍 도착한 뮤어 트레일 랜치에서 한 달 전에 우편으로 보낸 식량을 찾는다. 갑자기 부자가 된 느낌이다. 많은 사람들이 남은 일정 동안 먹을 식량을 미리 이곳으로 보내고 지나는 길에 찾는다. 다시 배낭이 무거워지고 발걸음이 느려진다.

3,048m 10,000ft가 넘는 곳에서는 모닥불을 금지하고 있어 춥고 무기력할 때도 있지만, 밤하늘의 별들과 은하수는 존 뮤어 트레일 꽃이라고 할 만큼 기막히게 아름답다. 그러나 자주 볼 수는 없다. 자다가 텐트 밖으로 나가려면 추워서 귀찮다. 소변을 도저히 참을 수 없을 경우에만 별들의 잔치에 초대받을 수 있다.

동이 트는 새벽이 오면 앞으로 갈 길이 궁금하여 서두르게 된다. 지도를 보고 읽고 느낀다. 그러면 앞으로 갈 길이 눈 앞에 삼삼하게 그려진다. 밤하늘의 반짝이는 별빛을 받아 송어를 길러내고, 야생화를 꽃피운 호수가 나를 반긴다. 호수는 시시각각 옥색, 스카이블루, 군청색, 에머랄드 빛으로 변하며 내 마음을 사로잡는다.

호수의 유혹에서 벗어나면 이번엔 가시밭길 같은 바위길, 절벽길이 기다린다. 도를 닦는 순례자의 마음으로 땅만 보고 한 발 두 발 오르다 보면 더 이상 오를 수 없는 정상이다. 지나온 곳은 형언할 수 없는 달나라요, 지나갈 곳은 알 수 없는 별나라다.

지금까지 보지 못했던 낯선 경치가 펼쳐진다. 아무리 둘러봐도 내가 경험한 지구의 모습이 아니다. 그 속 살을 파헤치려 미지의 세계를 향해 조심스레 걸음을 내딛는다. 그러다 보니 어느새 미국 본토 최고봉인 4,418m 휘트니산 정상이다. 풀 한 포기 없이 온통 바위투성이다. 조망은 막힘 없이 멀리 보인다. 내가 지나온 길을 어렴풋이 가늠해본다.

JMT는 매우 특별한 곳이다. 그 곳에서는 인간의 손길이 전혀 느껴지지 않는다. 먹고, 자고, 싸고, 걷는 일만이 반복된다. 오로지 야생의 자연만을 생각하게 하고 나 자신만을 생각하게 한다.

자연을 사랑하는 사람이라면 육체적 정신적 건강을 위해 한 번쯤은 와봐야 할 곳이다. 어디서 왔는지 꽤 많은 사람들이 이곳 휘트니산 정상에서 자연에 대한 경외심을 느끼고 머물다 내려간다. 자연스럽게 나도 그렇게 했다.

존 뮤어 트레일헤드
해피아일스

요세미티 밸리　　　하프 돔　　　하프돔 갈림길

해피아일스　　　　리틀 요세미티 밸리

센티널 돔

클라크포인트

브리달벌

07.19.목　　브리달벌 ➡ 해피아일스 ➡ 하프돔 갈림길

재일, 윤석과 클라크 포인트까지 약 두 시간 함께 산행을 한 후 서울에서
만나기로 하고 아쉬운 작별을 한다. 그리고 나 자신을 사랑하고, 신뢰하
고, 자랑스럽게 생각하는 마음으로 산행을 시작한다.

　트레킹 첫날부터 무거운 배낭을 짊어지고 고도 1,230m 해피아일스에
서 출발하여 2,160m 야영지까지 오른다. 상규를 앞세우고 1,000보 전진
후 휴식을 원칙으로 했지만, 힘들어서 잘 지켜지지 않는다.

　절로 감탄이 나오는 자연경관에 놀라움을 금치 못한다. 더 좋다 나쁘다
비교할 수 없지만 우리의 자연과는 사뭇 다른 느낌이다. 땀이 쏟아지고
물도 많이 마신다. 절벽에서 떨어지는 물을 받아 마시기도 하고, 실개천
에서 시원한 물을 떠서 마시기도 한다. 자연 속으로 들어왔으니 있는 그
대로의 자연을 마셔야 한다. 그렇지만 가끔 정수기를 사용하는 트레커도

존 뮤어 트레일 요세미티 출발점에서. 자신감이 넘쳐 흐른다

운송수단인 말들을 끌고 다니는 레인저의 모습이 멋있어 보인다

클라크 포인트 쉼터가 일부러 꾸민 것도 아닌데 쉬기 편한 환경이다

보인다.

38일간의 라이딩으로 다리에는 무리가 없으나 무거운 배낭에 짓눌린 어깨가 몹시 쑤신다. 먹는 것이 부실하니 힘을 제대로 내지 못한다. 당초 계획은 야영장에 텐트를 설치하고 가벼운 차림으로 하프 돔을 다녀오는 것이었지만, 일반 관광용 코스로 치부하고 아쉽지만 포기했는데 솔직히 트레킹을 끝낸 지금 와서 매우 후회가 된다.

비어 있는 야영지에 좋은 자리를 선점하고 저녁을 준비하고 있으려니 한두 명씩 트레커들이 모여든다. 영국인 간호사, 스웨덴 장년, 캐나다 중년, 캐나다 노년 등 남녀노소가 다양하다. 마지막에 도착한 영국인 간호사 둘은 주변에 마땅한 곳을 찾지 못하고 있다가 우리 텐트 바로 옆에 자리를 잡는다. 우리처럼 JMT 첫날이라며 매우 상기된 표정이다. 왠지 그들이 우리 옆에 있는 것만으로도 즐거운 느낌이다.

시작이 반이라고 했다. 우리는 이미 반을 끝마친 셈이다. 재일이와 윤석을 보내고 상규와 단 둘이서 집 나온 지 51일째 되는 날 진짜 야생의 숲에서 야영을 한다. 가장 편안하고 행복하고 즐거운 날이다. 역시 내겐 깊은 산 속이 마음의 고향인 모양이다. 여러 날째 아내와 통화를 못했다. 트레킹 출발 전 커피점에서 간단히 문자 메시지만 보냈다. 한밤중에 잠자는 아내를 깨울 수가 없었다. 아내가 보고 싶고 아내에게 보여주고 싶다. 내가 느끼고 있는 위대한 자연을 아내도 똑같이 느끼게 하고 싶다.

영국 아가씨들은 자연스럽게 캐나다인들과 많은 대화를 나눈다. 우리

211

하프 돔, 브로더릭 산, 리버티 캡이 보이는 클라크 포인트

와는 아무래도 일상적인 대화가 쉽지 않다. 무엇보다 곰과의 만남이 두렵다. 무식하게 생긴 곰통의 용량이 작아서 라면 등 밀봉되어 냄새가 나지 않는 것들을 나무와 나무 사이에 줄을 걸어 매달아 놓았더니 캐나다 노인이 '냄새가 나지 않아도 곰이 알아차리고 건드린다'는 것이다. 더 높이 달아놓을 능력이 되지 않아 그냥 배낭 속에 넣고 텐트 밖에 방치한다. 치약, 선크림, 모기 퇴치제 등 개봉된 것들은 곰통에 넣어 먼 곳에 놓는다. 오늘 밤 곰이 올지 안 올지 그것이 가장 궁금하다.

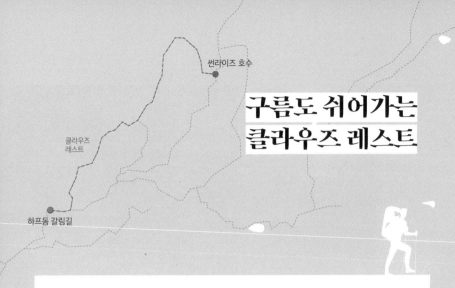

써라이즈 호수

구름도 쉬어가는
클라우즈 레스트

클라우즈
레스트

하프돔 갈림길

07.20.금   하프돔 갈림길 ➡ 클라우즈 레스트 ➡ 써라이즈 호수

간 밤에 곰이 방문한 흔적은 전혀 없다. 비슷한 시각 6시경 주변 트레커

들이 모두 기상한다. 무언가 아침식사들을 하지만 우리는 식사를 생략하

고 짐을 꾸려 바로 출발한다. ESEFEarly Start Early Finish 일찍 출발하고 일찍

마치기로 한다.

  출발부터 상규가 몹시 힘들어 한다. 겨우 20분 걷고 휴식을 취한다. 그

리고 더 짧게 걷고 더 길게 휴식이다. 바람소리조차 없이 주변이 무서울

정도로 조용하다. 좀 더 있으니 약간의 새소리를 양념 삼아 숲의 숨소리

가 들린다.

  "상규야! 15분 걷고 20분 휴식했다. 주행시간을 조금 늘리고 휴식시간

을 조금 줄이자." 경사가 심해 상규가 힘들어 하지만 언제까지나 주저앉

아 쉴 수는 없다. 해가 지기 전에 적어도 오늘의 야영지까지는 가야 한다.

때로는 이렇게 울창한 원시림을 통과한다

보면 볼수록 아름다운 야생의 썬라이즈 호수

인기척에 놀란 사슴이 펄쩍 뛰면서 근처에 머문다. 우리도 놀랐다. 마냥 머물고 싶은 마음이지만 또 다른 변화를 보기 위해 가야 한다. 바위 틈에서 오랜 세월 자라온 나무가 길동무가 되어 옛 이야기를 들려준다. 한국의 솔방울보다 30배는 큰 솔방울이 길가에 널려있다.

클라우즈 레스트 1km쯤 전방에서 오가는 트레커들이 보이지 않아 수상히 여기고 지도를 보니 존 뮤어 트레일 본선에서 벗어나 있었다. 선두를 섰던 상규가 미안해한다. "상규야! 미안해 할 것 없다. 네 잘못이 내 잘못이고, 내 잘못이 네 잘못이다. 덕분에 생각지 않던 새로운 경치를 구경하게 되었다."

사방팔방이 조망되는 클라우즈 레스트에 도착하니 미국인 모녀가 쉬고 있다. 요세미티에서 동쪽으로 길게 늘어선 능선 위에서 가장 높고, 존 뮤어가 극찬을 하며 사랑했던 봉우리다. 아직도 깊은 골짜기엔 산불로 인한 연기가 남아 있지만 멀리 하프 돔과 인디언 록까지 보인다. 이곳은 오랜 세월 빙하 작용으로 마치 엿가락처럼 이리저리 구부러져 있는 화강암 벽으로 이루어졌다.

다시 갈림길이 나오는 썬라이즈 레이크 트레일을 향해 걷는다. 온 몸이 천근만근이다. 그나마 내리막이니 다행이다. 타나야 레이크와 썬라이즈 레이크 트레일 갈림길에서 라면을 먹고 있는 모녀를 다시 만나니 반갑다. 상규는 수 마일을 손해 봤다고 아쉬워한다. 아니다. 덤으로 얻었다고 생각하자. 그리고 썬라이즈 레이크 트레일이 아름답다고 하니 기대해보자.

클라우즈 레스트에서 상규가 구름처럼 앉아 쉬고 있다

여기서 4km 거리라며 모녀의 엄마가 기대해도 좋다고 강조한다.

갈림길 삼거리는 완전히 만남과 헤어짐이 이루어지는 넓은 장소다. 많은 사람들이 이곳을 그냥 지나치지 않고 쉬었다 간다. 당초 계획한 커시드럴 레이크까지 가서 야영하는 것을 포기하고 썬라이즈에서 야영하기로 하니 마음이 편하다. 대신 내일부터 보충수업을 해야 한다.

오후 한때 어제처럼 비가 오락가락한다. 꾸역꾸역 걸어 썬라이즈에 도착한다. 이곳의 아름다움을 어떻게 표현할까? 아름다운 선녀가 지상에 내려와 지극정성으로 가꾸어놓은 천상화원이다. 작은 화덕을 만들어 모닥불을 피워놓고 하모니카 한 곡을 부르고 하루를 마감한다.

곰, 모기, 통증, 갈증, 허기와의 전쟁

07.21.토   썬라이즈 ➡ 투올룸 ➡ 아일랜드강

어제와는 달리 거의 평지길 내지는 약간의 오르막이다. 계속하여 40분, 60분씩 주행이 가능하다. 넓은 평원과 뾰죽한 바위산인 트레시더 피크, 커씨드럴 피크가 보기 좋게 조화를 이룬다. 말을 탄 레인저가 지나갔는지 방금 싼듯한 말똥 냄새가 진동한다. 나도 은폐된 자연 속에서 낭만을 즐기며 슬쩍 냄새를 더한다.

  길이 편한 듯하지만 모래보다 더 미세한 흙이 깔려 있어 걷기가 매우 힘들고 흙먼지가 대단하다. 커씨드럴 호수 갈림길에서 호수까지 거리가 800m이지만 외면하고 지나친다. 여기저기 다 들리려면 한 세월이 걸린다.

  토요일이라서 그런지 가벼운 옷차림의 사람들이 투올룸 메도우Tuolumne Meadow에서 많이 올라온다. 아마도 커씨드럴 호수를 가기 위한 것 같다.

투올룸 메도우 가는 길이 비가 올 때는 수로가 된다

투올룸 메도우는 대중교통, 방문자 센터, 야영장, 우체국, 숙박시설 등을 갖춘 관광지다. 우리도 이곳 매점에서 햄버거와 콜라로 영양보충을 한다.

존 뮤어 트레일 트레킹은 일종의 전쟁이다. 곰과의 전쟁이고, 모기와의 전쟁이고, 어깨통증과의 전쟁이고, 갈증과의 전쟁이고, 허기와의 전쟁이다. 무엇보다도 나 자신과의 전쟁이 가장 치열하다. 투올룸 메도우를 지나면서 사람의 발길이 뜸해지고 퍼시픽 크레스트 트레일PCT, Pacific Crest Trail. 미국 서부의 남쪽 멕시코 국경지대에서 북쪽 워싱턴 주 끝까지 산악지대를 따라 이어진 트레일. 약 4,300Km과 만난다.

첫 날 만났던 두 노인70, 74세을 다시 만난다. 서로 몹시 반가와 한다. 두 영국 간호사는 앞서 갔단다. 두 노인을 먼저 보내고 따라간다. 그런데 두 노인 모두가 보통 걸음이 아니다. 그냥 따라가기가 버겁다. 한 시간 후 두 영국 아가씨를 만난다. 갖고 있던 콜라 한 병을 주었더니 '무척 좋아한다'며 얼른 받아 마신다. 그 사이 어디선가 쉬었다 오는지 두 노인이 다시 나타난다. 첫 날 함께 야영을 했던 6명이 재회를 하고 서로 오늘 야영지를 물으니 대충 엇비슷하다. 기념촬영 후 넷을 먼저 보낸다. 우리는 속도전이 아니고, 자연이 원하는 속도에 맞춘다.

원시의 자연을 걷다 보니 나는 없다. 나도 작은 자연의 일부일뿐이다. 내가 아닌 하나의 작은 자연이 더 큰 자연을 보고 듣고 느낄 뿐이다. 라이엘 트레일에서 아일랜드 강 갈림길 야영장 도착 30분 전에 갑자기 소나기

넓은 암반 위에 길을 안내하는듯한 바위들이 가지런히 놓여있고,
멀리 가운데에 있는 바위는 마치 부처님처럼 보인다

벌판 끝에 솟아있는 커씨드럴 피크가 강력한 흡입력으로 우리를 빨아들이는 듯 하다

가 쏟아진다. 비옷을 입고 야영장에 도착한다. 비가 그치기를 기다리지만 언제 그칠지 알 수가 없다. 그치지 않는 비를 맞으며 텐트를 서둘러 설치한다. 그 후 얄밉게도 비가 그친다.

투올룸 메도우에서 야영장까지의 길과 주변 경관을 어찌 말로 표현할 수 있을까? 사람의 손을 타지 않은 있는 그대로의 자연공원이다. 옆으로는 라이엘 포크Lyell Fork가 멋지게 흐르고 가끔은 사슴과 마멋이 우리를 구경하며 반긴다. 존 뮤어 트레일을 걷는 다른 팀은 우리와 조금 떨어진 곳에 텐트를 설치한다. 말이 잘 통하지 않으니 차라리 떨어져 있는 편이 낫다는 생각이 든다.

야영의 하이라이트는 누가 뭐래도 모닥불인데 왠일인지 주위에 이를 즐기는 사람이 아무도 없다. 야영지 주변에 잔가지들이 널려있지만 비에 젖어 쉽게 불이 붙지 않는다. 그렇다고 포기할 내가 아니다. 작은 화덕을 만들고 불을 지핀다. 어둠 속에서 길고 긴 시간을 즐겁게 보내려면 모닥불만한 것이 없다.

오늘 하루도 무사했음에 감사하고, 멀리 있는 아내에게 마음 속 깊이 사랑을 전한다.

비 오듯 쏟아지는
팥알만한 우박

07.22.일   아일랜드 강 ➡ 도나휴 패스 ➡ 러시 크릭 트레일

패딩점퍼를 입고 자서 춥지는 않았지만, 밤새 나무에서 물방울 떨어지는 소리가 귀에 거슬려 편한 잠을 이루지 못했다. 섭씨 8도의 싸늘한 날씨에도 불구하고 두 노인은 강가에서 냉수마찰을 한다. 대단한 노인들이다. 비를 맞은 것보다 더 할 정도로 물방울에 젖어버린 텐트를 정리하느라 애를 먹는다.

조용히 숨을 죽이고 숲이 내뿜는 향기를 맡으며 걷는다. 캐나다 노인이 어느새 내 뒤를 바짝 따라온다. 먼저 가도록 길을 내주고 뒤따라가지만 버겁다. 어디서 저런 힘이 나오는 걸까? 자연에 동화될수록 등짐이 가볍게 느껴진다. 그러나 완전히 동화되기에는 아직 멀었다. 겨우 한 시간 걸었는데 뒤따라 오던 상규가 보이지 않는다.

멀리 설산이 보이기 시작하자 가까운 곳과 먼 곳이 조화를 이루며 그림

가끔은 이렇게 그림 같은 길도 있지만 오래 계속되지 않는다

이 더 멋있어진다. 알프스의 야생화가 화사하고 군집의 규모가 크다면, 이곳의 야생화는 앙증맞고 규모가 작다. 평원을 지나 오르막이 시작되면서 상규를 앞세운다.

A4S Always Safety! Smile! Slowly! Steadily! 를 강조하며 걷는다. 항상 안전을 먼저 생각하고 즐거운 마음으로 천천히 꾸준히 걸으면 내가 원하는 것을 얻을 수 있고 내가 원하는 목적지에 다다를 수 있다. 응원가로 들리는 계곡의 힘찬 물소리에도 불구하고 상규가 자꾸만 처지는 듯하다. 도중 포기할지도 모른다는 생각이 들 때도 있지만 절대 포기하지 않을 것이다. 아마 자기만의 속도를 찾았는지도 모르겠다.

계곡 상류에 넓은 평지와 넓고 잔잔한 계곡물이 나타난다. 그 곳에서 노인 둘과 영국 아가씨 둘이 휴식을 취하며 젖은 물건들을 말리고 계곡 물에 목욕도 한다. 만남과 헤어짐이 반복되는데 만날 때마다 반갑다. 하늘까지 맑고 푸르다. 우리도 젖은 물건들을 태양에 맡기고 계곡 물 속에 몸을 담근다. 산 속 빙하가 녹은 물이어서 그런지 몹시 차갑다. 물 속에 오래 머물지 못한다. 머리를 감고 몸을 물 속에 담갔다가 꺼내기를 서너 차례 반복한다. 피로가 확 풀리는 느낌이다. 천상의 놀이터랄까, 아니면 요람이랄까? 영원히 머물고픈 그림 같은 낙원이다.

휴식이 끝날 무렵 첫날 함께 야영했던 스페인, 캐나다 중장년 둘이 올라온다. 첫 날 만났던 사람들 모두가 모인 셈이다. 다시 힘든 오르막이 계속된다. 노인 둘과 영국 아가씨 둘은 이미 출발한지 오래다. 뒤로 멀찌감치 떨어져 있는 상규의 모습만 확인하고 일정한 속도로 꾸준히 오른다. 특징이 없는 채석장 같은 오르막 길을 빨리 끝내고 싶을 뿐이다. 존 뮤어 트레일 상에 있는 두 번째 고개인 3,375m 도나휴 패스에 오른 시각은 오후 1시 반이다. 첫날의 동지 6명이 휴식을 마치며 내게 'Well Done!'을 외친다. 그들도 꽤 힘들었던 모양이다.

그들이 떠나려 할 때 빗방울이 떨어지기 시작한다. 모두들 부리나케 비옷을 챙기고 배낭에 커버를 씌우느라 바쁘다. 30분 가량 비를 맞으며 상규를 기다린다. 상규는 이미 비옷을 입고 있었다. 상규가 도착하자마자 지체하지 않고 바로 하산을 시작한다. 비는 이내 우박으로 바뀐다. 보통 우박이 아니다. 팥알만한 우박이 비 오듯 쏟아진다. 얇은 모자 외엔 방어막이 없는 머리통이 박살날 것만 같다. 하늘에서 마치 내 머리통에 산탄 총을 쏘아대는 느낌이다.

'아! 아! 아퍼!' 신음소리가 절로 나온다. 무려 한 시간 가량 쏟아지는 우박에 정신을 못 차린다. 내 머리가 내 머리가 아니다. 우리가 겪은 최악의 자연재해다. 곤경에서 벗어나는 최선의 방법은 빨리 아래로 내려가서 텐트를 치고 들어앉는 것인데 좀처럼 야영지가 나타나지 않는다.

천둥소리와 번개가 두렵고 우박이 고통스럽다. 기온이 낮아 땅 위에 우박이 녹지않고 쌓인다. 한 시간 가량 쏟아지던 우박이 비로 변하며 계속 쏟아진다.

비를 맞으며 한 시간을 더 내려오니 존 뮤어 트레일 팀들의 야영 준비 모습이 보인다. 우리도 그들 옆에 상태가 좋지않은 자리에 텐트를 설치한다. 상규는 바로 텐트 안으로 들어가 옷을 갈아입고 침낭 속으로 들어간다. 판쵸우의로 텐트 앞에 비 가림막을 설치하고 라면을 끓인다. 비가 서서히 그친다.

야영지에 텐트를 설치하고 젖은 옷을 갈아입고 보온을 하고 안정을 찾는 것이 이런 상황에서 우리가 할 수 있는 최선의 방법이다.

상규는 저체온증에 걸렸다며 침낭 속에서 나올 생각을 않는다. 이곳에서 병이 나면 큰 일이다. 구조를 바랄 수 없는 깊은 산 속이고, 스스로 헤쳐나가야만 하는 곳이다. 라면을 끓여놓고 친구를 밖으로 불러낸다. 가까스로 기어나온 상규가 묻는다.

"야! 너는 춥지 않냐?"

"흐흐, 나도 인간이다. 나라고 왜 안 춥겠냐?"

이런 상황에서 둘 중 조금이라도 상태가 나은 사람이 다른 사람을 위해 활동을 하는 게 당연하다. 우리는 라면을 먹고 어느 정도 기운을 차린다.

우리는 세 시간 반 동안 휴식도 취하지 못하고 물조차 제대로 마시지 못하고 우박과 비를 맞아가며 줄곧 걸었다. 쉴 수도 없는 상황이었지만 자연의 변화를 긍정적으로 받아들였기에 감당할 수 있었다. 우리와 함께 있던 캐나다, 영국, 스웨덴 트레커들이 이겨냈는데 한국에서 온 우리가 못할게 없다. 우리는 이보다 더 한 경우라도 이겨낼 수 있다.

짐들이 비에 젖었지만 나는 타고난 화부다. 불을 다루는데는 고수라고 감히 자부한다. 젖은 땔감 때문에 연기가 많이 나긴 했지만 기어코 모닥

겨우 마련한 대피소 덕분에 저체온증에서 벗어난 상규

227

라이엘 산 아래 빙하가 녹아 내린 물에 목욕도 하고 휴식을 취한다

오래된 채석장같은 분위기의 도나휴 패스에 우박이 쏟아지기 시작한다

불을 피우고 그것을 한껏 즐긴다. 상규가 약간의 감기 증세가 있긴 해도 큰 문제는 아닌 것 같다.

모기들이 덤벼들지만 그것도 대수가 아니다. 언제 꺼질지 모르는 모닥불을 쬐고 있노라니 밤 9시경 멀리서 알 수 없는 트레커의 불빛이 다가온다. 비상등을 켜서 야영지 위치를 알려준다. 그리고 깊은 잠에 빠진다. 상규 몸이 정상으로 돌아와 다행이다.

러시 크릭 트레일

천섬호수

게넷 호

로살리에 호수

천 섬 호수에
천의 요정들

07.23.월　러시 크릭 트레일 ➡ 천 섬 호수 ➡ 로살리에 호수

상규의 발바닥이 갈라지고 발가락에 물집이 생겼다. 그렇다고 가만히 눌러 앉아 있을 수도 없다. 무슨 수를 써서라도 움직여야 한다. 이곳엔 의료시설도 없고 최악의 경우 위성 통신을 이용하여 구조헬기를 부르는 것이지만, 우리에겐 위성통신 장비도 없다. 실과 바늘을 이용하여 물집의 물을 빼주니 한결 편하다고 한다.

　오늘은 구름 한 점 없이 하늘이 맑고 공기도 상쾌하다. 사흘치를 먹어 치워서인지 아니면 걷는 게 익숙해져서인지 배낭이 가벼워졌다. 우박과 비로 인해 등산화가 젖어서 슬리퍼를 신고 걷지만 불편하긴 커녕 오히려 편하다. 상규는 발에 문제가 있어서 그런지 한참 뒤쳐진다. 각자 편한 보폭으로 걷기로 한다.

　신이 온 정성을 다해 만들어 놓은 기막힌 아름다움을 간직한 존 뮤어 트레일의 지지 않는 꽃인 '천 섬 호수1000 Islands Lake'을 만난다. 호수 안에 천 개의 바위가 섬처럼 떠 있어 붙여진 이름이다. 수정처럼 맑은 호수 안의 바위섬 하나하나가 살아 움직이며 노래하는 요정이다. 호수를 감싸고 있는 비탈진 바위 사이사이에는 요정들의 공연을 관람하는 관목들로 가득하다.

아기를 안고 있는 엄마처럼 크고 작은 빙하를 품고 있는 데이비스산과 배너 피크가 천 섬들의 공연을 지휘하고 있다. 무한대의 과거부터 무한대의 미래까지 연주자와 지휘자와 관객들은 지루할 틈이 없다. 태양과 비바

누구나 자기가 생각한 대로의 모습을 보여주는 천 개의 바위섬을 품고 있는 천 섬 호수(1000 Island Lake)

람으로 사시사철 어느 한 순간도 같지 않은 변주를 거듭하기 때문이다.

이들의 한마당 잔치를 엿보기 위해 세상 곳곳에서 사람들이 찾아온다. 서로 언어는 달라도 자연이 전하는 음악을 감상하는 느낌은 같을 것이다. 가만히 앉아서 바라만 보아도 요정들이 전하는 옛이야기가 들리고 자연을 찬양하는 잔잔한 음률이 전해진다. 세상만사 모든 근심 걱정이 사라지고 천국처럼 느껴진다.

곧 이어서 나타나는 가넷 호수도 이웃한 천 섬 호수 못지 않은 자연이 만든 걸작품이다. 호숫가로 접근하기가 생각보다 쉽다. 가넷 호수에서 섀도우 호수 앞 애그뉴 메도우로 가는 갈림길까지는 분주하게 오가는 여행객들이 많았지만, 그 후로는 아주 뜸하다. 애그뉴 메도우에서 이어지는 맘모스 호수 주변에는 야영장과 숙박시설 등 편의시설과 버스가 있는데 천 섬 호수만을 구경하고 되돌아 가는 사람들이 많기 때문이다.

　섀도우 호수에서 오늘의 야영지인 로살리에 호수로 넘어가는 길은 고도 차가 150m에 불과하지만 경사도는 만만치가 않다. 지루하고 힘든 것을 잊기 위해서 지그재그가 몇 번인지 세어본다. 20~30m 마다 굽어지기를 37번 반복한다. 울창한 삼림이 뒤에 오는 상규를 보이지 않게 가로막는다. 숲이 내뿜는 피톤치드 덕분에 피로감이 덜하다. 가끔 이름 모를 새들의 노래 소리가 우리를 환영하며 응원을 아끼지 않는다.

　로살리에 호수 주변엔 이미 여러 팀이 야영 중이다. 우리 이웃에는 10여 명의 학생들이 선생님과 함께 온 모양이다. 모두가 하늘의 별들을 지붕 삼아 노숙을 한다. 정말 보기 드문 멋진 장면이다. 야영지가 넓고 아늑하다.

　오늘은 비를 만나지 않아 천만다행이다. 영국 간호사 아가씨들은 오후 4시면 비가 온다면서 부리나케 앞서 갔는데 어디서 야영을 하는지 알 수가 없다. 첫 날의 동지들이 아무도 보이지 않는다.

저녁을 먹고 송어를 잡아보겠노라고 호숫가에 앉아 낚시바늘에 육포를 달고 등산용 스틱을 낚싯대 삼아 물 속에 드리웠지만 나를 우습게 보는 송사리 한 마리만 어른거릴 뿐 헛수고다. 그렇게 쉽게 잡혔으면 호수의 송어가 벌써 동이 났을 거다.

맑은 하늘에 달이 별들을 거느렸는지 별들이 달을 거느렸는지 서로 경쟁하듯 빛을 발하고 있다. 이런 밤이면 더욱 더 즐거워야 하는데 두드리면 종소리가 날 듯 그냥 머리만 맑아진다. 상규는 피곤하다며 먼저 잠든다. 음력 보름이 가까워서인지 수첩 위의 깨알같이 작은 글씨가 보일 정도로 달이 밝아 낭만적인데, 달리 할 일이 없으니 모닥불만 가지고 논다. 모닥불이 사그라질 무렵 나도 잠을 청한다. 잊을 수 없는 아름다운 날에 아름다운 밤이다.

모닥불에 둘러 앉은
제니퍼와 올리비아

07.24.화   로살리에 호수 ➔ 레드

오랜만에 맛보는 인간의 피가 아주 맛있는 모양이다. 쉴 새 없이 달려드는 모기떼에 정신을 못 차린다. 오가는 사람들 모두가 모기와 전쟁 중이다. 모기망이 달린 모자를 쓴 사람, 퇴치제를 바르는 사람, 그냥 손을 휘저어 쫓는 사람 등 가지각색이다. 조용히 와서 가렵지 않게 피를 가져가면 좋으련만 목숨 걸고 달려든다. 인간의 손에 목숨을 빼앗긴 놈들이 수도 없이 많다. 가만히 앉아 쉴 수도 없다. 온 몸이 근지럽다. 방심한 틈을 이용해 용케 내 피를 빼간다.

로살리에 호수에서 레즈 메도우까지 계속 내리막이니 힘도 안들이고 두 시간 넘게 쉼 없이 내려간다. 존스톤 호수 개울가에서 발 닦고 머리 감고 휴식하며 상규를 기다린다. 트레커 3명이 지나고 뒤따라 가는 길은 푸석푸석한 흙길이어서 먼지가 풀풀 난다. 게다가 말똥까지 섞여있어 냄새

가끔은 바지를 걷고 물을 건너야 하지만 즐거운 경험이다

가 그리 훌륭하지 못하다.

물론 경치는 색다르다. 나무들의 생과 사가 공존하는 곳이다. 잔 가지의 흔들림은 있어도 움직임이 없는 나무들의 반은 꼿꼿이 하늘을 향해 뻗어 있고 반은 쓰러져 누워 있으면서 빠르지도 늦지도 않게 자연의 속도로 썩어가며 원래 있던 곳으로 돌아가고 있다.

모기는 사라졌지만 대신 태양이 나를 열렬히 사랑하기 시작한다. 데빌스 포스트파일 내셔널 모뉴먼트를 지나서 레즈 메도우 주변에 볼거리가 많은지 관광객이 많다. 여러 갈림 길에서 우리는 잠시 길을 헤맨다. 트레킹 온 사람들, 관광 온 사람들이 뒤섞여 시장바닥 같다. 버스도 다닌다. 우리는 햄버거를 먹고 기운을 차린다. 사 먹을 수 있는 거라곤 햄버거뿐이고 이것도 감지덕지하다.

캐나다 노인 둘, 영국 아가씨 둘을 다시 만난다. 그냥 보기만해도 반가운 인연들이다. 그리고 트레킹 중 자주 만났던 느림보 아줌마 둘도 식당에서 만난다. 5일만에 아내와 통화한다. 내 목소리가 몹시 피곤한 듯하다며 무척 걱정한다.

"여보, 제발 부탁인데 너무 무리하지 마! 알았지?"

아내의 목소리가 간절하다 못해 애절하다. 56일째 여행 중이니 피곤하지 않다고는 할 수 없지만 그래도 아내가 걱정할 만큼의 상태는 아니다.

긴 휴식을 마치고 5km 떨어진 레드로 올라간다. 길 옆 분위기가 삭막하다. 언제 산불이 났었는지 살아 있는 나무가 전혀 보이지 않고 아직도 불기운을 느끼는 듯하다. 인근에 또 산불이 났는지 먼 곳이 보이지않을 정도로 대기가 뿌옇고 연기 냄새도 난다. 설마 이곳까지 불이 다가오지는 않겠지 하면서도 은근히 걱정된다. 휴식 포함 한 시간 반 만에 레드에 도착한다. 넓고 풍부한 개울물이 흐르고 있고 우리보다 먼저 도착한 팀은 즐겁게 담소 중이다.

엊그제부터 자주 만났던 중년의 제니퍼와 새로 만난 젊은 올리비아가 도착한다. 먼저 와 있던 팀은 우리에게 자리를 양보하고 근처 다른 곳으로 이동한다. 내가 만든 멋진 모닥불 주변에 둘러 앉아 서로 화기

모닥불이 서로를 가깝게 만든다. 조금 전 만났지만 이 순간만큼은 그 누구보다도 가까운 사이이다

237

잔인한 산불의 흔적

애애한 인사를 나눈다. 지난해 한국을 방문했었다는 23세의 올리비아는 암벽등반, 자전거, 카누, 스키, 수영 등 만능 운동선수다. 자기가 준비한 식사를 먹어보란다. 뜨거운 물을 넣어 불려서 먹는 우주인들의 야전식이란다. 맛이 괜찮지만 홀딱 반할 정도는 아니다. 우리도 라면을 끓여 제니퍼에게 조금 건넸더니 맛이 좋다며 더 달란다. 올리비아는 한 그릇을 다 먹어가며 맛이 괜찮다고 하면서도 맵다고 연신 물을 마신다. 중년의 아줌마 제니퍼의 친구는 너무 힘들어 포기하고 먼저 집으로 돌아갔단다.

상규는 기분파다. 제니퍼와 올리비아에게 라면을 하나씩 선물한다. 어라, 우리의 식량이고 우리의 생명줄인데, 너무 통크게 인심을 쓰는거 아냐? 하지만 좋은 추억거리다.

회자정리
거자필반이라

07.25.수 레드 ➡ 버지니아 호수

아침 공기가 무척 차갑다. 엊저녁 많은 물을 부어 완전히 꺼졌다고 생각한 모닥불이 놀랍게도 아침까지 살아있다. 다시 불을 일으켜 추위를 달랜후 떠날 때는 물을 엄청 부어 완전히 소화한다. 캘리포니아 캠프화이어 퍼밋California Campfire Permit까지 받은 사람으로서 불만큼은 확실하게 다루어야 한다. 버지니아 호수에서 보자며 올리비아가 부지런히 먼저 떠나고 제니퍼는 우리보다 뒤에 떠나기로 한다.

천천히 비탈길을 10분 정도 오르다가 야영장 나무에 묶어놓은 줄에 작은 카라비너 두 개를 깜박 두고 온 것을 깨닫는다. 상규는 잊고 새로 사라고 하지만 나와 함께 수 많은 산을 다니며 말 없이 나를 도와준 정든 장비다. 상규를 먼저 보내고 12분만에 다시 찾아온다.

추위에 모기가 없을 거라 방심했다가 어깨에 많은 피 구멍을 만들었다.

버지니아 호수

때로는 호수 밖보다 호수 안이 더 아름답다

힘들고 거친 산길을 넋을 잃고 걷다 보면 반드시 평화스런 호수가 나타난다

짜증나도록 가렵다. 오늘도 어디선가 으스스한 산불 연기가 몰려온다. 비경의 호수를 찾아가는 길은 힘들고 따분하다. 불타 죽은 나무들과 삭막한 돌무더기로 분위기가 험악하다. 퍼플 호숫가에서 잠시 휴식을 취하고 버지니아 호수로 가는 길이 오늘따라 유난히 힘들다.

눈 앞에 나타난 호수는 올리비아와 제니퍼가 추천한대로 아름답고 신선한 느낌이다. 호수의 주변엔 촉촉한 녹색의 양탄자가 아주 넓게 깔려 있다. 밤이면 선녀가 내려와 노래하고, 춤추며 목욕을 할 것만 같은 곳이다. 멀리서 흐르는 물 소리 외엔 적막하다. 물 속에서 물고기들이 유유자적 헤엄치는 소리는 들릴 리가 없다.

그런데 먼저 도착했을 올리비아가 보이지 않는다. 다른 트레커들과 어울리다가 일찌감치 떠났나보다. 상규는 중간에 만나 인사를 했단다. 제니퍼는 아직 도착하지 않았다. 아마 힘들어서 퍼플 호숫가에서 야영하는지도 모르겠다. 회자정리 거자필반 이라 했다. 만나면 헤어지고 다시 만날 것을 의심치 않는다. 야영객은 우리 외에 어린이 셋과 엄마 둘이다.

오늘도 라면 끓여 먹고 할 일이란 모닥불 피우는 일 밖에 없다. 심심함을 달래줄 술도 없고 너무 일찍 자기도 힘들다. 오늘도 송어잡이를 시도했지만 실패다. 송어의 그림자도 보이지도 않는다. 트레킹 7일차다. 1/3이 지나간다. 2/3가 남았다.

LA 교민 서보경님과 교민들

버지니아 호수

레드 앤드
화이트 산

실버패스

모노 크릭 트레일 헤드

07.26.목 버지니아 호수 ➡ 모노 크릭 트레일 헤드

피곤하면 잠이 잘 와야 하는데 잠자리가 불편하여 밤새 좌로 누웠다 바로 누웠다 우로 누웠다 반복하며 빨리 아침이 오기를 힘겹게 기다린다.

호숫가가 다 그렇듯 아침 풍경이 매우 정겹고 푸근하다. 푹신푹신한 잔디밭 넓은 들판 끝에 호수가 펼쳐지고, 그 끄트머리엔 아이들을 지켜보는 듯한 야트막한 산이 둘러싸고 있다. 그리고 그 너머엔 머리가 희끗희끗한 높은 산들이 이 아름다운 세계를 지키듯 우뚝 서있다.

짐을 챙기고 다음 행선지를 향해 발걸음을 옮긴다. 멀리서 산불연기가 날아와 계곡에 머물고 있다. 약간의 오르막이 있은 후 돌길을 지그재그로 내려가길 한 시간여, 이어지는 계곡 길은 아주 편안하고 안정적이다. 문득 여길 함께 오고 싶어했던 친구, 그러나 그새 우리를 기다려주지 않고 세상을 떠난 남수 생각에 눈물이 난다.

계속 계곡을 끼고 오르니 흐르는 물소리가 친구가 되어준다. 오랜만에 하늘에 먹구름이 끼고 천둥소리가 요란하다. '비야 오지 마라!' 주문에도 결국 쏟아지다 그치기를 반복한다. 호수를 지나면 또 호수가 나타나고, 고개를 넘으면 또 호수다. 그림 같은 호수가 서로 다른 모습으로 계속 나타나니 걸을 맛이 난다.

도중에 PCT Pacific Crest Trail를 주행하는 사람을 만난다. 한국에서 3년간 영어강사를 하면서 한라산 설악산 오대산 북한산 등을 다녔단다. 이런 곳에서 한국을 다녀간 외국인을 만나니 참으로 반갑다. 우리는 PCT를 걷고 있는 사람 앞에서 주눅이 들 수 밖에 없다. PCT는 존 뮤어 트레일과는 차원이 다르다. 수 년 전 나도 한참 자료를 뒤져보며 관심을 가져보았지만 걷는데만 6개월이란 시간이 걸려 실행에 엄두를 내지 못했다. 그래도 언젠가 다시 한 번 생각해볼 만한 가치는 있다.

검은 바위산. 하얀 빙하. 초록 숲. 푸른 평원과 실개울 그리고 숨어있는 꽃사슴

요세미티 출발 8일만에 7명의 레인저 무리를 만난다. 한 젊고 예쁜 레인저 아가씨가 우리를 막아서며 허가증Permit을 보자고 한다. 기분이 나쁘기보다 오히려 기분이 좋다. 엄청 고생하며 받아낸 허가증인데 적어도 한 번 정도는 검문을 당해야 가치가 있지. 항상 앞가방에 넣어가지고 다니는 허가증을 바로 꺼내 자신 있게 보여주었더니 고맙다며 자기 수첩에 점검 메모를 한다. 만약 허가증이 없었다면 상당한 제재를 받았을 텐데 우리는 문제 없이 통과한 것이다. 기왕에 만났으니 허가증 여백에 확인 사인을 부탁하고 즐거운 표정으로 함께 사진을 찍는다.

모트 호수로 가는 트레일 헤드에서 캠핑을 하려다가 시간도 이르고 해서 모노 크릭 트레일 헤드까지 내려간다. 야영지를 확인하고 저녁을 준비하다 물가에서 한인 아주머니를 만난다. 누가 봐도 첫 인상이 한국인이다.

"안녕하세요? 한국 분 아니세요?"

"네. 맞아요. 우리는 교민인데 로스앤젤레스에서 12명이 열흘 일정으로 트레킹을 왔어요. 오늘이 7일차예요. 막국수를 말아드릴 테니 우리 텐트로 오세요."

"네, 감사합니다. 친구와 함께 가겠습니다."

상규가 끓여놓은 라면부터 먹고 나니 한 노인이 말을 걸어 온다.

"혼자 왔어요? 텐트가 하나입니까? 저녁식사는 했나요?"

처음엔 영어로 말을 걸어왔지만 곧 한국말이 터져 나온다. 알고보니 호숫가에서 만난 아주머니와 일행으로 79세라는데 10년은 더 젊어 보이신

트래커 수보다 더 많을 것 같은 아름다운 호수들이 그리워 언젠가는 다시 오고 싶다

PCT를 걷고 있는 고수 앞에 마냥 작게만 느껴진다

LA교민들. 제일 왼쪽이 송화산악회대장 서보경님, 세번째가 막국수를 말아주신 애나님

다. 그들 팀으로 찾아갔더니 막국수는 이미 다 먹고 식사 끝이다. 애나 아주머님께서 친절하게도 새로 만들어 주신다. 그동안의 우리의 행적과 앞으로의 일정을 이야기하니 다들 놀란다. 미국에 오기 전 체험한 히말라야, 킬리만자로, 알프스 트레킹까지 이야기하니 더욱 놀란다.

내 이야기를 듣던 79세의 서보경님은 바로 내 휴대폰에 자신의 전화번호를 입력하라신다. 그리고 로스엔젤레스에 오거든 꼭 연락하라고 하신다. 누가 사든 점심식사를 같이 하자는 것이다. 내게 좀 더 깊은 이야기를 듣고 싶어서였는지 아니면 남들과는 좀 다른 '기인'을 알고 싶어서였는지는 모르겠다.

그들 일행 중 한 명은 엊그제 우박 쏟아지던 날 발목 사고를 당하였다. 위성통신이 가능한 다른 트레커의 도움을 받아 911 헬기를 타고 후송 됐다며 우리에게 끝까지 안전을 강조한다.

그 후 모든 일정을 마치고 LA에 갔을 때 서보경님과 사모님을 만났다. 서보경님은 당일 등산 약속을 취소하시고, 식사하고 쇼핑을 도와주시며 하루종일 우리와 함께 시간을 보내주셨다.

홀로 트레킹하는 일본 여성 마야

모노 크릭 트레일 헤드

토마스 A 에디슨 호

후퍼 산　셀든패스
샐리케이스 호수

07.27.금　모노 크릭 트레일 헤드 ➡ 샐리케이스 호수

우리가 잠에서 깨어 텐트 밖으로 나오니 로스엔젤레스 교민들은 이미 출발하고 없다. 어제 교민 아주머니가 챙겨준 약간의 밑반찬으로 누룽지죽을 해먹고 기운을 차린다. 밑반찬 없이 누룽지만 먹다가 반찬의 짠 맛이 섞이니 일류 요리를 먹는 기분이다.

약6.5km 거리에 610m 고도를 올라야 하는 구간이라 처음부터 급경사다. 지루함을 달래기 위해 급경사의 산길을 오를 때면 몇 번의 지그재그가 있는지 습관적으로 세어본다. 숫자를 세는 동안은 무념의 세계다. 뒤에서 누가 따라오는지도 모른다. 62번의 지그재그가 끝나고 평지길이 나온다. 오가는 사람이 아주 뜸하다. 죽은 나무보다 살아있는 나무가 훨씬 많은 조용한 숲이다.

상규는 언제 올지 모르겠다. 쉬지 않고 오르막 두 시간을 걸었으니 거

신분은 알 수 없지만 말을 끌고 유유자적하는 모습이 신선이다

리 차가 많을 것이다. 숲 속의 산 길을 혼자 조용히 걸어 보아야 한다. 그
래야 아무런 생각 없이 걷는 트레킹의 참맛을 알게 된다.

길은 내리막으로 변했다 또 오르막이다. 오르막 길과 내리막 길은 자전
거 탈 때와 마찬가지로 트레킹 내내 반복된다. 오르막 길에서 만난 샌프
란시스코에서 혼자 온 젊은 여성은 매우 힘들어하며 오늘은 마리 호수까
지만 간다고 한다. 우리는 셸든 패스를 넘어 하트 호수까지 간다고 하니
놀란다. 힘 있을 때 조금이라도 더 가야 한다.

온대림에 들어서서인지 한국의 어느 산 속 같은 푸근한 느낌이다. 혼자
서 트레킹을 하고 있는 일본인 여성 마야Maya를 만난다. 엊저녁 우리 옆
에서 야영한 사람이다.

"안녕하세요? 혹시 일본 사람 아니세요?"

샐리케이스 호수에 몸을 담그고 싶지만 물이 오염될까 두렵다

"예, 그렇습니다."

"혼자 오셨나요? 쉽지 않을 텐데 대단하십니다."

"젊은 시절 친구로부터 존 뮤어 트레일에 대해 이야기를 듣고 관심을 갖고 있다가 아이들이 어느 정도 성장한 지금에서야 오게 되었습니다."

"젊으신 것 같은데?"

"저는 55세이고, 영어선생입니다."

"어디서 출발하셨나요?"

"요세미티에서 허가증을 받지 못해서 맘모스 호수에서 출발하여 휘트니산으로 갔다가 교통편을 이용하여 맘모스 호수로 이동한 뒤 그 곳에서 다시 출발하여 요세미티로 갈 예정입니다."

우리처럼 요세미티에서 허가증을 받지 못해 차선책으로 맘모스 호수에서 허가증을 받은 모양이다. 참으로 대단한 여성이다. 체구도 작으면서 엄청난 지구력을 발산한다. 아무튼 가까운 이웃나라 사람을 만나니 서양인들보다는 조금 더 반가운 느낌이다. 폭이 넓은 계곡을 건널 때 안전을 이유로 두 번이나 마야의 배낭을 대신 들어 주었다. 전형적인 일본인 모습으로 감사하다는 인사를 깍듯이 한다.

그녀는 마리 호숫가에서 야영을 하겠단다. 마리 호수의 경치는 기막히게 아름답지만 우리 일정상 그 곳에선 야영이 곤란하다. 상규는 기사도 정신 운운하며 마야를 보호하기 위해 그곳에서 야영을 하자고 제안한다. 불과 한 시간 거리지만 나는 원래 계획대로 밀고 나가고 싶다. 한 번 일정에 차질이 생기면 도미노 현상이 일어난다.

뒤따라 오고 있을 마야를 다시 만나지 못하고 3,321m 셀든 패스 넘어 하트 호수까지 갔으나 마땅한 야영지를 찾지 못해 샐리케이스 호수까지 가서 야영을 한다. 주변에 다른 야영객이 보이지 않고 한적하다. 누군가 야영을 한 흔적도 없다.

샐리케이스 호수

John Muir Trail
Halfway Point

뮤어 트레일 랜치

피우트 캐년 트레일헤드

존 뮤어 트레일
중간 지점

John Muir Trail Halfway Point

07.28.토 샐리케이스 호수 ➡ 뮤어 트레일 랜치 ➡ 피우트 캐년 트레일헤드

그림 속에나 있을 법한 아름다운 숲 속 꽃길을 걷는다. 개울이 있고, 새가 있고, 꽃이 있고, 나무가 있고, 바람소리가 있고, 새소리가 있고, 냇물 소리가 있다. 호수 표면에 비친 주변이 동화 속에 나오는 선녀들의 놀이터 같다. 그 호숫가를 거니는 나는 나무꾼이 되고 싶다.

돌밭 길 지그재그가 끝날 줄 모르고 이어진다. 미끄러워 오르막보다 더 힘든 내리막 길이다. 오늘이 존 뮤어 트레일의 딱 중간 지점 John Muir Trail Halfway Point 을 지나는 날이다. 뮤어 트레일 랜치에서 7월 3일 LA우체국을 통해 보낸 식량을 찾는다. 플라스틱통 두 개 보관료가 무려 160달러다. 배보다 배꼽이 더 큰 셈이다. 오랜만에 만난 내 물건이 반갑기도 하지만 배낭이 다시 무거워지니 부담스럽다.

많은 사람들이 출발 전에 이곳으로 미리 보낸 물건들을 찾아 보충을 하

253

고 필요 없는 물건들은 남들이 사용할 수 있도록 기부 통에 넣는다. 모두가 욕심 없이 꼭 필요한 것만, 그리고 지고 갈 능력만큼만 챙긴다. 우리도 누룽지 한 봉지를 기부하고 다른 사람이 남긴 약간의 커피와 휴지, 견과류 등을 챙긴다. 직접 사고 파는 일은 없어도 참 편리하고 아름다운 장터 같은 곳이다. 긴급한 경우엔 여기서 모든 먹거리를 챙길 수도 있겠지만 처음부터 계획적으로 그러면 양심불량이고 아마 그럴 사람도 없을 것이다.

조금 늦게 도착한 마야를 다시 만나니 무척 반갑다. 마야는 비숍까지 나가서 재충전을 하려고 계획했다가 상규의 권유로 뮤어 트레일 랜치에서 필요한 물건들을 모두 챙긴다. 얼굴도 모른 채 스쳐 지나가는 사람들 간의 정을 느낄 수 있는 장소다. 전에 잠시 만났던 사람도 다시 보게 되면

오늘은 왕솔방울이 모닥불의 주인이다

오래 사귀었던 친구처럼 반가워하며 대화를 나누고 정보를 나눈다.

10대의 두 자녀를 데리고 온 40대 아주머니 배낭이 얼핏 보아도 보통 무게가 아닌 것 같다. 배낭을 들어보니 우리 것 보다 5kg은 더 무거운 것 같다. 그런데도 입이 찢어질 듯 활짝 미소를 지으며, 아이들과 함께 온 것이 마냥 자랑스런 모양이다. 어디서 그런 힘이 나오고 즐거운 미소를 지을 수 있을까? 이런 게 '엄마의 힘' 아닐까?

우리는 휴대폰 충전을 하느라 4시간 반을 더 있었지만 충분하지 않다. 나는 사진만 찍으면서 보조 충전지가 둘인데 비해 상규는 나보다 사용량이 더 많으면서 충전지는 하나다. 부족한 양은 나의 여유분으로 보충하면 될 거다. 5km를 더 걸어 피우트 캐니언 트레일헤드에서 야영을 한다.

힘차게 흐르는 커다란 계곡물이 바로 옆에 있다. 바지를 입은 채 물 속에 들어가 샤워하고 머리 감고 바지, 양말, 티셔츠는 물빨래를 한다. 계곡 건너 젊은 아가씨 둘이서 비키니 차림으로 계곡물에 들락날락 하더니 거리낌 없이 젖은 옷을 갈아입는다. 피하기 어려운 눈길을 억지로 피하느라 정신이 없다. 우리가 본 게 선녀였을까?

매일 매일 색다른 추억이 남는 야영이다. 하루 일과는 고되지만 야영장에 도착하고 모닥불을 피우는 순간 모든 피로가 풀린다. 오늘의 땔감은 수없이 널려있는 왕솔방울이다. 우리나라에서 흔히 보는 솔방울의 30배 정도의 크기다. 화력도 대단하다.

마야는 언제 올지 보이지 않는다. 옆에 자리를 잡으면 모닥불을 보여주

물 위의 모습이 거의 완벽하게 비칠 정도로 고요한 호수

뮤어트레일랜치에서 미리 보낸 물건도 찾고, 남는 물건은 기부도 한다

고 싶었고 하모니카 소리를 들려주고 싶었다. 아, 정말 안타깝다. 이토록 아름다운 환경을 우리 둘이서만 즐겨야 하는 것이. 음력 보름인가? 둥글게 떠오르는 달을 보니 아내가 생각나고 어머님이 그리워진다.

무게를 줄이려면
아침 저녁을 부지런히
준비해라

자연이 매우 아름답다고 느낄 때는 자연스레 눈물이 난다. 사슴이 그 큰 눈망울을 순진하게 굴려가며 아침인사를 건넨다. 그는 우리를, 우리는 그를 신기한 듯 구경한다.

급경사길이 아니고 계곡 따라 슬며시 오르는 길이다. 이런 길은 아다지오 안단테로 걸어야 한다. 모데라토는 안 된다. 경우에 따라서는 라르고로 걸어야 한다. 계곡의 물소리가 아다지오 안단테이면 라르고로 걸으면서 계곡의 물소리를 느껴야 한다. 크게 들리면 가까운 곳에서, 작게 들리면 먼 곳에서 들려오는 소리듯 제각각의 물소리마다 계곡 바닥의 모습이 느껴진다.

조용한 숲길을 걸을 때는 혼자이어야 자연스럽다. 앞서가는 사람이 있으면 뒤따라가는 듯한 느낌이 있어 부담스럽고, 뒤따라 오는 사람이 있으면 쫓기는 듯한 느낌이어서 부담스럽다. 앞뒤로 보이는 사람 없이 혼자 걸어야 온전히 야생에 동화될 수 있다. 존 뮤어 트레일 중간을 지나면서 길은 오르막이지만 마음은 내리막이다.

"상규야! 어제보다 배낭 무게가 가볍지?"

어제 무게를 줄이려고 상규가 자기 배낭에서 라면 두 개를 먼저 꺼냈다. 무게를 같이 줄여나가야 하니까 오늘 아침엔 내가 먼저 누룽지를 꺼냈다.

"배낭 무게를 빨리 줄이려면 아침 저녁을 부지런히 준비하는 게 좋지. 너는 식사 준비해라. 나는 텐트를 설치하고 해체할 테니까."

사우스 포크와의 갈림길인 에볼루션 크릭을 만나면서 힘든 급경사 오르막이다. 잠시 쉬어가며 털 모양의 껍질을 두르고 있는 향나무를 껴안고 귀를 기울이니 천 년의 소리가 속삭임으로 들려온다. 20여 차례 힘든 지

내가 가야 할 보이지 않는 길을 아름답게 꾸며놓은 자연

에볼루션 호수 주변에 움직이는 물체는 오로지 우리 둘 뿐이다

그재그를 거치니 우렁찬 계곡의 물소리가 들린다.

에볼루션 메도우 야영장에서 쉬었다 가려니 먼저 도착한 중년의 남녀가 자기네가 먼저 도착했으니 다른 곳으로 가서 쉬라는 것이다. 자기네는 이곳에서 야영할 거란다. 잠깐 쉬었다 갈 거라며 물 속에 들어갔다 나와서 옷도 말릴 겸 바위에서 쉬려고 했더니 큰 소리친다. 뭐라 떠드는지는 몰라도 빨리 떠나라는 뜻 같다.

뜻밖의 상황이라 어리둥절하고 있는 나를 보고 상규가 빨리 오란다. 얼떨결에 자리를 피하긴 했어도 도무지 이해가 가지 않는다. 미국의 야생에 별종이 숨쉬고 있다. 아마도 그 자리를 선점하려고 쉬지도 않고 기를 쓰고 올라온 유료 안내인이었던 것 같다. 계곡물이 잔잔하게 흘러 물놀이하기에도 좋아 보이는 멋들어진 야영장이었는데 아무래도 우리 차지는 아니었던 모양이다. 흥분을 가라앉히고 그들과 멀어진다.

상규가 쉴 시간이 되었는데 쉬지 않고 앞장서 오른다. 한 시간이 지나고 오후 4시 에볼루션 호수에 도착한다. 상규가 보이지 않아 위에서 내려오는 사람에게 상규의 인상착의를 말하며 물으니 보지 못했다는 것이다. 잠시 후 상규가 올라온다. 길 옆에서 휴식을 취하며 내가 지나가는 것을 보았다는 것이다. 내가 이미 휴식을 취하고 오르는 줄 알고 일부러 부르지 않았단다.

에볼루션 호수는 3,315m 고도에 있는 산정호수다. 어느 호수처럼 아름답기 그지 없다. 바람소리조차 들리지 않는 조용하고 한적한 곳이다. 사람들도 모두 합해야 10명 미만으로 보인다. 완다 호수까지 가서 저녁을 먹으면서 휴식을 취한 후 달이 뜨면 야간산행을 하기로 하고 계속 진행한다.

그런데 호수 중간쯤 지나갈 때 비가 오기 시작한다. 하는 수 없이 텐트를 설치한다. 텐트가 완성되고 나니 비가 그친다. 참으로 얄궂다. 상규는 피곤하니 그냥 머물러 자자고 한다. "그러자!" 주변이 온통 바위산인데 신기하게 산에서 물이 흘러 내린다. 들리는 건 졸졸 흐르는 물소리뿐 너무도 조용하다.

야간산행을 하자던 상규는 일찍 텐트에 들어가 잠을 청한다. 존 뮤어 트레일에서 달밤에 야간산행을 하는 것도 의미 있고 멋있는 추억거리가 될 텐데 아쉽다. 호수면은 잔잔하고 조용하지만 그 속은 알 수가 없다. 이곳에서 저 호수는 나를 만나기 위해 얼마나 오랜 세월을 기다렸을까?

이곳 야영 규칙은 '10,000피트3,278m 위에서는 모닥불을 피우지 말라'지만 모닥불의 매력을 잊을 수 없어 오늘도 고도 3,315m에서 불을 피운다. 오늘의 땔감은 소나무과인데 휘발성이 있어서인지 이곳 분위기에 잘 맞는 야릇한 소리를 내가며 활활 잘 탄다. 살아 움직이며 시시각각 변화하는 아름다운 불꽃을 보노라면 무상무념 무아지경에 이른다. 그리고 밝은 달밤이 깊어간다.

에볼루션 호수

뮤어패스

● 레 콩트 캐니언

07.30.월   에볼루션 호수 ➡ 레 콩트 캐니언

간 밤에 살며시 텐트를 열고 하늘을 보니 달님이 보이지 않았다. 아침에 약간 일그러진 달님이 중천에 떠 있다. 어제 밤 달과 함께 걷지 못한 것이 못내 아쉽다. 자갈길, 돌길, 물길, 모랫길을 무거운 짐을 지고 오르지만 수시로 나타나는 호수가 우리를 미소 짓게 만들고 보람을 느끼게 한다. 온통 바위산이건만 이 많은 양의 물은 도대체 어디서 오는 걸까? 커다란 바위틈에서 아가가 오줌 싸는 모양으로 물줄기 하나가 뻗어 나온다. 우리에겐 생명수다. 물병에 담아 마시고 또 마신다.

메추리처럼 생긴 어미 새가 새끼 두 마리가 노니는 것을 보호 감시하듯 바라보는데 가까이 있는 우리를 전혀 의식하지 않는다. 드디어 3,644m 뮤어 패스 위에 100여년 전 돌로만 지어진 뮤어 헛에 이른다. 트레커들이 천재지변 시 피할 수 있도록 아담하게 지어져 너그러운 모습으로 방문객

뮤어 패스와 뮤어헛

뮤어 패스 아래의 세상은 별나라 같다

을 맞이한다. 이 길을 지나는 많은 이들이 반드시 쉬어가는 곳인데 전망
또한 훌륭하다.

많은 사람들과 섞여 한참 휴식한 후 험한 산길을 내려간다. 또 다시 돌
길의 연속이고 호수의 연속이다. 아직 녹지 않은 눈도 꽤 많이 보인다. 길
이 몹시 거칠고 험하다. 바위 끝에 앉아 저 멀리 점으로 보이는 트레커들
을 감싸고 있는 에메랄드빛 헬렌 호수를 내려다보며 깊은 상념에 젖어 본
다. 높고 험한 곳에 있는 호수일수록 더 빛이 나고 아름답다. 이렇게 호수
를 내려다보며 한없이 앉아 있고 싶은 마음이지만 우리는 또 다른 호수를
만나러 떠난다.

오르막 길만 힘든 것이 아니다. 내리막 길도 거칠기 이를 데 없어 힘들
고 까다롭기는 마찬가지다. 험한 돌길이 끝나며 길 옆 작은 숲 속에 사슴
한 마리가 무언가 주워 먹고 있는 것을 발견한다. 3m쯤 떨어진 곳에서 근
접 촬영을 해도 피할 생각을 않는다. 내가 완전히 무시당한 느낌이다. 그
러면서 다행이라 생각한다. 서로에 대한 경계심 없이 공존하는 자연은 얼
마나 멋진가?

갑자기 비가 내린다. 상규는 서둘러 내려간다. 지난번 우박을 맞아 저
체온증에 걸렸던 기억때문에 비에 대한 두려움이 있다. 그런데 다행히
곧 비가 그치고 어렵사리 찾아낸 계곡 옆 아늑한 곳에 야영을 한다. 무려
1,000m 고도 차의 험한 길을 내려온 우리는 올라가고 있는 사람들을 보
면 걱정되고 안쓰러워 말리고 싶다. 오름의 고통과 내림의 평화가 교차하

희끗희끗 잔설이 남아 있는 산 아래 호수들은 더욱 짙푸르게 보인다

는 만남이 자주 이루어진다. 사슴 한 마리가 텐트 옆을 지나 계곡을 건너 숲 속으로 유유히 사라진다.

레 콩트 캐니언

팔리사드 호수

07.31.화 레 콩트 캐니언 ➡ 팔리사드 호수

이른 아침 반가운 손님이 찾아왔다. 불과 10m 거리에서 발로 땅을 파 무언가 먹고 있다. 5m 거리로 근접 촬영을 해도 한 번 쳐다볼 뿐 아랑곳 하지 않는다. 어제는 암사슴이 지나가더니 오늘은 수사슴이 나타났다. 십여 분을 머물다 어디론가 떠난다. 난생 처음 겪는 일이다. 이렇게 자연 속에서 사람과 동물이 대등한 위치에서 공존할 수 있다는 게 믿어지질 않는다. 사슴과의 만남 그 자체만으로도 좋지만 앞으로 좋은 일이 많이 생길 것 같은 예감이 든다.

오늘 팔리사드 호수 오르는 길은 특별하다. 도대체 양쪽 모두 험준한 바위산인데 어디로 오른단 말인가? 양은 적지만 비까지 내린다. 힘들게 올라야만 지나온 길이 겨우 보일 정도로 길이 복잡하고 험한 곳에 숨어 있다. 저 바위능선 너머 호수가 있겠지 하고 열심히 오르면 아니다.

살아있는 나무와 죽은 나무들이 공존하는 숲길을 통과하면 또 다른 세상이 펼쳐진다

3,000m가 넘는 고지라서 그런지 힘들고 숨이 차다. 바위 틈에서 자라는 허브가 향기를 보내주어 그나마 힘이 된다.

수 차례 힘든 오르막을 마치자 드디어 호수가 나타나 희열을 느끼게 한다. 실개울에도 송어들이 노닌다. 오늘 저녁거리로 잡아먹으면 좋겠다는 생각을 하지만 능력이 되지 않는다. 묵묵히 걷던 상규가 무심코 뱀을 건드렸다가 화들짝 놀란다. 뱀도 놀라 잽싸게 도망갔고 우리는 고단백질을 놓쳤다고 아쉬워한다.

저멀리 시커먼 먹구름이 몰려온다. 수상하다. 더 이상 걷기 곤란하다 판단하고 얼른 호수 가장자리에 텐트를 친다. 설치 중 비가 내리기 시작하고 완성 후 본격적으로 쏟아진다. 천둥소리가 제법 겁을 준다. 송어를 잡아 라면을 먹으려다 무위로 끝난다. 라면을 끓일 수가 없다. 텐트 안에

꼼짝 없이 갇혀 행동식으로 저녁을 대신 해야 할 판이다.

테트 옆으로 한 여성이 지나간다. 척 훑어보니 행색이 보통을 넘어선다. 아무래도 고수인 것 같다.

"실례합니다. 혹시 PCT를 걷고 계시나요?"

"네, 멕시코 국경에서 출발한 지 3개월이 되었습니다."

"힘들고 외롭지 않나요?"

"처음에는 힘들었지만 지금은 괜찮아요. 요령도 많이 터득했구요. 그리고 항상 야생의 자연과 함께 있는데 외로울 이유가 없지요."

"저도 나중에 할 수 있을까요?"

"존 뮤어 트레일을 할 수 있으면 PCT도 할 수 있다고 생각해요."

그 의연함에 머리가 절로 숙여진다. 정말 나도 언젠가 할 수 있을까? 딱

송어를 잡으려던 노력이 수포로 돌아간 호수의 배경이 신비롭다

부러지게 자신이 서지 않는다.

송어를 잡아보겠다고 모기망이 달린 모자에 생선포 가루를 넣고 물 속에 담가 두었는데 실패로 끝난다. 송어잡이를 다른 방법으로 시도하는 새 비가 그친다. 그 사이 얼른 밖으로 나가 라면을 끓인다. 날씨 변덕이 심하다. 텐트를 걷어 다시 출발할까 하다가 그만둔다. 번거롭고 귀찮다.

10,000피트 이상이라 모닥불도 안 된다. 이번엔 규칙을 지켜주자. 그래야 우리 후손들도 나중에 깨끗한 자연을 즐길 것이다. 상규가 일찍 자고 일찍 출발하자고 한다. "좋다. 몇 시?" "6시!" "OK! 일찍 자자." 오후 6시에 잠이 올 리가 만무하다. 일기를 쓰다가 9시경 밖으로 나와보니 하늘에서 별들이 총총히 빛난다. 별빛만이 아니다. 푸른 잔디에 맺힌 이슬도 별빛만큼이나 반짝반짝 빛난다.

호수에서 계곡 따라 아래로 아래로 떠나는 물 소리가 아름다운 음악으로 들려오는 밤이다. 자전거 라이딩으로 인한 손저림 현상이 아직도 완전히 낫지 않은 상태에서 왼발 앞 좌측에 약간의 마비 증세가 나타난다. 그러나 지금 이 순간을 즐기는 데는 전혀 문제가 없다. 내게는 매일 매일 최고의 날들이다.

팔리사드 호수

마더패스

마조리 호수

내 존재조차
느껴지지 않는
무의식의 세계로

08.01.수 팔리사드 호수 ➡ 마더패스 ➡ 마조리 호수

새벽 4시 30분 기상은 결코 쉽지 않다. 상규가 깨우는 소리를 들었음에도 추워서 침낭 밖으로 나가기가 싫었다. 다시 잠들었다 깨어보니 5시 30분이다. 상규가 아침을 준비하는 동안 밤새 설치해놓은, 모자로 만든 어망을 확인해 보니 단 한 마리도 잡히지 않았다. 내 잘못이다. 손가락만한 놈들을 잡으려고 생각한 것 자체가 잘못이다. 그들이 이곳의 주인이다. 자연을 훼손하려던 내가 미안하다.

　명경지수를 떠나 마더 패스를 향하는 길은 처음에는 순하게 이어진다. 그러나 다시 바위산을 오르는 것은 쉽지 않다. 고도 때문에 숨이 차다. 오르는 길이 험해 불과 5분 거리의 앞 사람을 찾을 수가 없다. 그나마 바위 틈에서 피어난 한 무더기 야생화가 나를 환하게 웃게 만든다. 고요함이 더해져 경치를 감상하는데 집중력이 생긴다.

비대칭의 자연을 완전한 대칭으로 바꾼 명경지수

자연이 무상으로 내주는 공기가 있고 물이 있어 마음 편히 걸을 수가 있다

고요함 속의 자연이 무념의 세계로 빠져들게 한다

저지대에서 저지대를 보는 것, 저지대에서 고지대를 보는 것, 고지대에서 저지대를 보는 것, 고지대에서 고지대를 보는 것, 매 순간 시야의 각도가 변하면서 서로 다른 모습, 다른 느낌의 경치를 보여준다. 어느 경치든 고요함 속에서 바라보면 더욱 아름답게 느껴진다. 바람소리조차 들리지 않는 고요함 속에서 무념의 세계로 빠져듦이 좋다.

한 여성이 가까이서 손짓을 한다. 놀랍게도 마야다. 다시 만나리라곤 생각지 못했다. 토끼와 거북이의 경주 같은 느낌이다. 마야는 일찍 출발하고 늦게까지 걸었기에 우리와 다시 만날 수 있었던 것이다. 여린 몸매로 혼자서 야생의 길을 다니는 마야는 보통 여자가 아니다.

3,688m 마더 패스에서 3,697m 핀쇼 패스 방향을 바라보니 한마디로 드넓은 분지다. 크고 작은 호수들이 내 발 아래로 멀리 가까이에 즐비하다. 마더 패스 넘어 내려가는 길은 절벽을 깎아 만든 지그재그 길이다. 마지막 코너에서 안정된 길이 나오지만, 나는 남들이 가지 않은 눈 덮인 바위 위의 지름길을 택한다. 덕분에 앞서 갔던 마야를 또 만나고 15분 후에 상규와 조우한다. 마야는 어떻게 자기보다 늦게 출발했는데 앞에 가 있냐고 의아해 한다. '새처럼 날아서 왔다'며 웃는다. 지름길로 오다가 눈 위가 빨갛게 물들어 있는 걸 봤다. 동물의 발자취도 보이지 않는데 왜 그런게 있는지 알 수가 없다.

이 산에는 살찐 예쁜 마멋이 참으로 많다. 수시로 길동무가 되어 눈을 즐겁게 해준다. 절벽 같이 가파른 길을 30여 분 내려오고나니 여유롭고 편안한 길이 이어진다. 꽃길도 있고 숲길도 있다. 벤치 호수를 지날 무렵 어제보다 강한 비가 더 일찍 내리기 시작한다. 장대비도 아니면서 온몸을 적신다. 레인코트를 입은 2인1조의 여성 레인저가 8마리의 말을 끌고 내려가는 모습이 영화 속 한 장면처럼 멋있다. 쏟아지는 빗소리가 영화 속의 배경음악이다.

핀쇼 패스 근처에서 야영을 하려던 계획이 무산되고 마조리 호숫가에서 배낭을 푼다. 비를 맞으며 텐트를 치고 있으려니 마야도 올라온다. 우리 텐트 바로 옆에 자리한 그녀의 텐트 설치를 도와준다. 커피를 끓여 마야에게 건네니 고맙다며 영양제로 답례를 한다. 처음에는 우리와 거리를 두더니 이제는 좀 더 친한 사이, 좋은 이웃이 된 것 같다.

라면을 먹고 나니 구름이 걷히고 햇볕이 쏟아진다. 심심했던 하늘이 우리를 갖고 논다. 주변 야영객들이 비에 젖은 물건들을 말리며 해바라기를 한다. 우리도 온갖 살림살이를 꺼내어 햇볕에 말린다. 많지 않은 사람들이지만 마치 작은 마을을 이룬 것 같다.

커피 때문인지 잠이 안 온다. 텐트 밖으로 나가니 하늘이 온통 별들로 차있다. 히말라야에서 본 별, 알프스에서 본 별 보다 더 맑고, 밝고, 아름답다. 은하수는 지금까지 보았던 어떤 은하수보다 더 하얗고 밝은 빛을 내며 흐르고 있다. 마치 다이아몬드 가루를 뿌려놓은 듯하다. 곰통에 걸터앉아 고개를 쳐들고 한참을 바라보다 뒤로 자빠져 엉덩방아를 찧고도 아픈 줄 모른다. 한참 동안 넋을 잃고 바라보다 겨우 잠이 든다.

마조리 호수 ● 핀쇼 패스

달러 호수 ●

밤 하늘에
다이아몬드 가루가
흐른다

08.02.목   마조리 호수 ➡ 핀쇼 패스 ➡ 달러 호수

밤새 내린 이슬로 텐트가 마치 물에 담갔다가 꺼낸 것 같다. 짐은 무거워도 어제의 마더 패스보다 길이 수월해 힘이 들지 않는다. 핀쇼 패스에서 바라보는 마더 패스 방향은 달나라 같고, 글렌 패스 방향은 마치 화성나라 같다. 멀리 내려다 보이는 마조리 호수는 완전 코발트빛이다.

하산 길에 만난 마주 오던 트레커는 우리가 아침 일찍 고개를 넘었다고 하니 전문가라고 추켜세운다. 별것 아닌데. 길이 편하고 안 편하고는 상대적이다. 순한 듯 보이는데 힘든 길도 있다. 고개를 숙이고 계속 발 아래를 주의하면서 내려오다 보니 목 뒤가 몹시 아프다.

맞은편에서 오는 트레커 중 열살 소녀를 만난다. 오늘의 존 뮤어 트레일의 영웅이다. 해맑은 미소를 지으며 배낭을 메고 엄마 아빠를 따라 오르는 모습이 정말 사랑스럽고 예쁘다.

우즈크릭 트레일헤드 직전 드넓은 바위에서 젖은 텐트와 침낭을 햇볕에 말린다. 치마바위 위로 흐르는 시원한 물줄기를 바라보니 추위가 느껴진다. 어느새 마야가 웃으며 다가온다. 놀래라, 잊을만하면 나타나는 일본 아줌마가 대단하다. 이젠 안보이면 궁금해질 정도다.

우리가 가야 할 방향인 글렌 패스 쪽에 수상한 구름이 모이기 시작한다. 매일 맞이하는 비가 별로 반갑지 않다. 흔들다리를 지나면서 조금 전 헤어진 마야를 다시 만난다. 젖은 물건들을 말리고 있다. 상규는 마야와 대화를 나누고 나는 계속 앞으로 나아간다. 생체리듬이 안 좋은지 오늘따라 유난히 힘들다. 40분 정도 진행 후 상규를 앞세운다. 다시 30분 정도 진행 후 상규가 나보고 먼저 가란다. 혼자서 쉬고 싶을 때가 있다.

달러 호수에 도착하여 상규가 오기 전에 텐트를 설치하는데 현기증이

인간이 만들 수 없는 자연의 오묘한 색상들이 인간을 바보로 만든다

자연이 만든 신비스런 산의 모습에 탄성이 절로 나온다

우리와 반대 방향으로 걷고 있는 젊은 트레커는 만나는 사람마다 함께 사진을 찍는다고 한다

매우 심하다. 앉아있어도 힘들고, 서있으면 온 몸에 힘이 빠진다. 일종의 고소증세인 듯하다. 움직일 때마다 어지럽다. 늦게 도착한 상규로부터 텐트 후라이를 받아 설치하는데 정신이 멍해지고 눈앞이 하얘진다. 어제 와 비슷한 3,113m 고도인데 오늘은 왜 그런지 모르겠다.

상규가 마야의 캠핑 자리를 잡아놓는다. 오후 6시 40분인데 마야가 올 지 안 올지 알 수 없는 상황에서 마중을 나가야 하나? 라면을 먹고 나니 다행히 몸 상태가 괜찮아진다. 20여 분 거리까지 마중을 나가 또 20여 분 을 기다렸지만 마야는 끝내 오지 않았다. 몹시 힘들었던 모양이다.

달러 호수

글렌 패스

포레스터 패스
5km 전방

눈물 나게 아름다운
내 모습에 행복한 미소

08.03.금 달러 호수 ➡ 글렌 패스 ➡ 포레스터 패스 5km 전방

밤새 내린 이슬이 팥알만 한 크기로 맺혔다. 아침마다 이슬과의 전쟁이다. 젖은 텐트를 걷기가 고역이다. 달러-애로헤드-레이로 이어지는 호수, 호수, 호수들. 호숫가를 돌 때마다 천의 모습으로 변하는 호수가 아름답지 않을 수 없다. 마치 세계 각국의 미녀들을 모아놓고 미인대회를 펼치고 있는 것 같다.

나의 움직임에 따라 호수의 모습과 색깔이 변한다. 맑디 맑은 물 속에 송어가 한가하게 떠돈다. 잠시나마 물 밖 세상을 보고자 머리를 쳐들면 동심원이 그려지고, 햇빛이 반사되어 반짝이는 모습은 자연이 만들어낸 최고의 예술작품이다. 한 트레커가 호수에서 낚시를 한다. 손바닥만한 송어를 잡았다가 다시 놓아준다. 짜릿한 손맛을 느끼려는 인간 때문에 십년 감수한 물고기가 부리나케 줄행랑이다.

내것도 아니면서 내 것처럼 누군가에게 자랑하고 싶은 달러 호수와 다이아몬드 봉

올라보고 싶었던 마음이 굴뚝 같았던 핀 돔

한국트레킹연맹에서 온 7명의 한국인을 만난다. 그들은 휘트니산에서 출발하여 요세미티로 향하는 북행이다. 휘트니산을 오르다 고소에 적응을 못하고 3명이 탈락했단다. 대장인듯한 사람이 내게 묻는다.

"둘이서 왔습니까? 무엇을 먹고 다닙니까? 보충은 어디서 어떻게 했습니까? 신발은 어떤 게 좋은가요? 기타 준비물은 어떤 것들이 있습니까?"

단 둘이서 다니는 우리에게 궁금한 것이 많은 모양이다. 말이 잘 통하는 한국인이기에 그가 원하는 만큼 충분한 답을 준다.

사방이 높은 산으로 둘러싸여 어디쯤에 글렌 패스가 있는지 모른다. 굳이 미리 알 필요도 없다. 한 발 한 발 '우보만리'의 발걸음이 글렌 패스로 안내할 것이다. 서둘러 발걸음을 재촉할 필요가 없다. 자연 환경이 허락하는 만큼만 두 다리를 움직이면 된다. 패스는 멀리서는 보여도 가까이에서는 잘 보이지 않는다. 쉽사리 접할 수 없기 때문이다. 바위 언덕을 오르면 눈에 들어올 것 같은데 보이지 않고 또 다른 언덕이 시야를 가로 막는다.

그림 같은 호수의 주인인 송어가 십 년 감수했다.
이 청년은 내게 송어 자랑을 하고 나서 바로 놓아준다.

그러다 패스는 갑자기 위협적인

모습으로 나타난다. 거의 수직절벽이다. 구도자의 자세로 땅만 보며 오른다. 그러다 나도 모르게 위를 쳐다보니 아직 반도 못 올랐다. 다시 경건하고 겸허한 자세로 오른다. 다른 사람들이 한다면 나도 한다. 그들이 할수 있다면 나도 할 수 있다. 그들이 해냈다면 나도 해낼 것이다.

패스를 오르다 만난 우리 또래 부부의 얼굴이 서로 다른 듯 하면서도 닮은 모습이다. 염화시중의 조용한 미소로 인사를 건넨다. 그들과 우리는 전생에 친구였을 것이다. 고개 바람이 젖은 땀을 순식간에 날려버리고 한기를 느끼게 한다. 패스 능선에서 울긋불긋 옷차림의 사람들이 편안한 마음으로 행복한 미소를 짓고 있다.

드디어 세상의 모든 아름다움이 내 발 아래에 펼쳐진다. 산마다 자기만의 다양한 색깔을 갖고 있고, 호수들은 자기만의 독특한 빛깔을 갖고 있다.

패스에서 내려가는 길은 오르는 길보다 더 험악하다.

저점인 법스 크릭 트레일헤드까지는 불과 5.5km인데도 쉬운 길이 아니다. 오늘의 목적지는 법스 크릭 트레일헤드를 지나 포레스터 패스 전방 5km지점의 이름 없는 작은 호수다. 숲이 잘 형성되어 있고 길이 순한데도 종일 지친 상태라 걷기가 쉽지 않다. 상규가 적당한 야영지에서 야영을 하자고 하면 그렇게 할 텐데 쉬지 않고 계속 앞서 간다. 당초 목적지까지 가자고 한다. 오후 6시 20분이 되어서야 목적지에 도달한다. 오늘도 쉽지 않았던 하루였다.

포레스터 패스
5km 전방

포레스터 패스

하이시에라
트레일헤드

가끔은 좋은 것도
건너 뛰어야 한다

08.04.토　포레스터 패스 5km 전방 ➡ 포레스터 패스 ➡ 하이시에라 트레일헤드

　누룽지탕을 먹으며 상규에게 라면이 몇 개 남았냐고 물으니 2개를 마야에게 주어서 남은 게 없단다. 3일에 걸쳐 6개가 필요한데 내게는 4개가 남았다. 다행히도 누룽지와 육포가 충분하다. 나는 왜 상규처럼 인심을 베풀 생각을 못했는지 살짝 부끄럽기까지 하다.

　포레스터 패스 전방 1.5km 지점에서 또 다른 한국인 7명을 만난다. 한국에서 야영장을 운영하고 있는 김상기씨가 자기집 주소를 적어주면서 강원도 원통으로 놀러 오란다. 패스에서 내려가는 길 역시 절벽에 아슬아슬하게 길을 낸 형태다. 잠시도 한 눈 팔 틈이 없다. 내리막에 비하면 오르는 길은 상대적으로 순했다.

　고개에서 심스크릭 트레일헤드까지 8.2km를 쉬지 않고 내려와 상규를 한 시간 넘게 기다려도 오지 않는다. 사고를 걱정했는데 다행히 아니다.

포레스터 패스는 달나라와 별나라의 분기점이다

고갯마루에서는 늘 재미있는 대화와 정보가 오간다

사막 너머 휘트니산이 희미하게 보인다

잠시 함께 휴식을 취하고 내가 먼저 떠난다. 약 14km 전방 크랩트리 메도우까지 가려 했는데 상규가 무리라고 말린다. 상규에게는 무리일지 모르나 나는 가능하다고 생각한다. 그렇다고 혼자 갈 수는 없다. 마음 속으로 하이시에라 트레일헤드를 목표로 걷는다. 나를 지나쳐 앞서 가는 사람은 없지만 마주 오는 사람은 간간이 있다. 나보다 나이가 조금 더 들어 보이는 두 미국 아주머니가 나를 보더니 몹시 반가워 한다.

"한국에서 왔지요? 그렇죠?"

"네, 어떻게 한국인인 줄 아셨나요? 친구와 둘이 왔습니다. 친구는 조금 뒤에 오고 있습니다."

"척 보면 알지요. 내가 88서울올림픽 때 한국을 방문했었거든요. 그래서 한국인들의 인상이 머리에 박혀있지요."

"아, 그러세요? 지금은 그 때와는 엄청나게 달라졌는데, 다시 한 번 방문할 생각은 없으세요? 제가 안내하지요."

"정말이요? 감사합니다. 물론 또 가봐야 할 텐데, 이 나이에 가능할지 모르겠네요. 하지만 한국 소식은 늘 접하고 있습니다."

"감사합니다."

"걸어보니 존 뮤어 트레일이 어때요?"

"자연이 원시 상태 그대로 있어서 트레킹 코스로는 최고입니다. 물론 아름다움도 최고입니다."

"우리도 트레킹 시작한 지 얼마 되지 않았지만 매우 흥분되네요. 함께

마냥 걸어도 좋을듯한 숲길

사진 찍을래요?"

함께 다정한 모습으로 사진을 찍는다. 산에서 만난 한국인이 반갑고 신기했던 모양이다.

낮은 언덕 위에 황량한 사막 같은 곳이 나타난다. 그리고 넓은 벌판 한가운데에 작은 호수가 그림같이 떠있다. 한 켠에 야영객이 텐트를 설치 중이다. 나도 그러고 싶은 마음이 간절하다. 허나 남은 일정에 차질이 생기고 여기엔 사용할 수 있는 물이 없다. 고여있는 호숫물은 최악의 경우가 아니라면 사용하지 않는 것이 상책이다. 여성 레인저를 만난다. 입산허가증을 보자는 소리는 안 한다.

"존 뮤어 트레일은 어땠나요?"

"세상에 둘도 없는, 내가 경험한 가장 원시적이고 가장 아름답고 가장

트레커들의 안전과 자연보호를 위하여 산 속에서의 생활을 자랑스러워 하는 레인저

훌륭한 최고의 트레킹 코스입니다."

"극찬해 주셔서 고마워요. 혹시 불편했거나 건의할 사항은 없나요?"

"전혀 없습니다. 텅 빈 머리와 가슴 속에 존 뮤어 트레일의 모든 아름다움을 담아 갑니다."

"남은 일정도 안전하게 잘 마무리 하시기 바랍니다."

셀카 사진도 기꺼이 응해준다.

30여 분을 더 걸으니 하이시에라 트레일헤드가 나타난다. 상규와 상의 없이 자리를 잡고 텐트를 설치한다. 내일과 모레의 일정도 만만치 않다. 마지막 날 휘트니산을 여유롭게 만끽하고 하산하려고 여러 날 동안 조금씩 진행을 더 해왔음에도 뜻대로 되질 않았다.

나도 그러고 싶었지만 아까 지나친 사막 같은 곳의 호숫가에서 상규도

289

야영을 하고 싶었다고 한다. 결과적으로 그곳에서 야영을 했더라면 얼마나 좋았을까?

계곡 바로 옆이라 물소리가 요란하다. 감당하기 어려울 정도로 요란한 물소리와 추위로 잠을 제대로 이룰 수가 없다. 잘못 선택한 야영지다. 그러나 지금 당장 좋은 대로 하면 뒷일은 더 고생이 될 수도 있다. 가끔은 좋은 것도 건너뛰어야 한다.

물! 물! 물!

08.05.일　하이시에라 트레일헤드 ➡ 휘트니산 갈림길

섭씨 0도의 아침 날씨다. 10,000피트 이상이지만 생존을 위해 출발 때까지 모닥불을 피운다. 온 몸에 온기가 돌고 굳었던 몸이 풀린다.

　패딩점퍼까지 껴입고 숲 속을 걷는다. 나무만이 갖고 있는 특유의 냄새를 느낀다. 나무가 전하는 자연의 소리를 듣는다. 돌들의 울림 소리에 귀를 기울인다. 바람소리 물소리가 춤을 추며 달려온다. 멀고 먼 과거가 보이고 미래를 느낀다. 살아 서있는 나무, 죽어 서있거나 누워있는 나무, 죽어 흙이 되어가는 나무들. 어린 나무들은 그들 곁에서 그들의 오랜 전설을 들으며 자라고 있다.

　이틀 거리를 삼일 거리로 여유 있게 가자고 한다. 나도 하루라도 더 머물고 싶고 여유를 부리고 싶다. 그러나 먹거리가 부족하다. 굶더라도 하루 더 있어보자. 멋쟁이 두 노인네가 귀엽게 생긴 두 마리의 라마 등에

라마 등에 짐을 싣고 유랑 중인 멋쟁이 노인들

30kg씩의 짐을 싣고 트레킹 중이다. 어디서 와서 어디로 가는지 알 수 없지만, 말년의 낭만을 즐기는 신선놀음 같다. 나도 더 나이들면 이 노인들처럼 해보고 싶다.

팀버라인 호숫가를 지난다. 주변엔 아무도 없다. 이곳은 또 다른 전설을 지니고 있을 것이다.

돌밭을 지나고 돌길을 오른다. 아무리 둘러봐도 돌 뿐이다. 그러다 호수가 나타난다. 한참을 돌고 돌아 높이 올라서 내려다보니 호수가 기타처럼 생겼다. 그래서 기타 호수다. 이 기타는 누가 연주하는 걸까? 보름달 뜨는 밤에 호수에 사는 인어 아가씨가 나와서 연주하는 걸까? 은하수에 사는 선녀가 내려와 연주하는 걸까? 아니면 산 속 요정이 연주하는 걸까? 보름달 뜨는 밤에 다시 와봐야겠다. 그러면 기타 치며 묘기부리는 누군가를 만날 것이다.

주변 환경이 마치 화성과 지구와 달나라를 섞어 모자이크 해놓은 모습
이다. 아무도 없는 이 외딴 곳에 홀로 앉아 있음이 행복하다. 무엇을 더
바라랴. 지금 이대로가 좋다. 바람이 없어도 짙푸른 호숫물은 잔잔한 물
결을 만들어낸다. 물 속 움직임이 밖으로 표현된 것일까? 하늘도 이에 맞
장구를 치는 듯 구름 한 점 없이 맑고 푸르다.

존 뮤어 트레일의 마지막 고개 길을 오른다. 고개를 넘어가기 전 갈림
길에서 3km를 더 가면 미국 본토 최고봉인 휘트니산 정상이다. 거의 수
직에 가까운 돌무더기 길이다. 제멋대로 쌓여있는 돌들이 바람에 굴러 떨
어질까 두렵다. 길이 아주 좁아 마주 오는 사람이 있으면 서로 피하기가
어렵다. 곁눈질로 아래를 쳐다보면 오금이 저리다. 그래도 마지막 고개

휘트니산 정상 갈림길

정상으로 이어지는 능선이 천연요새의 장벽처럼 위압적이다

끝나지 않을 것만 같은 고행 중인 상규

길이니 이것만 넘으면 끝이다.

정상에 올랐다가 내려가기만 하면 된다. 숨이 차다. 삼거리에서 내려다 보이는 경치는 삭막한 채석장 같은 돌들의 축제 마당이다. 목이 탄다. 입술이 탄다. 마실 물이 사라져간다. 당장이라도 굴러떨어질 듯한 바위와 돌들이 아슬아슬하게 걸쳐있다. 다리가 후들후들 떨린다. 고갯마루는 끝까지 모습을 보이지 않는다.

정상으로 오르는 갈림길에 도착해서야 300m 전방에 고갯마루가 보인다. 한 사람이 쉬고 있어 우리 둘의 사진을 부탁한다. 통통하게 살찐 마멋이 우리를 보고도 피하지 않고 등산객이 흘린 음식물을 주위 먹기 바쁘다. 건빵을 던져주니 두 손으로 쥐고서 감쪽같이 먹어 치운다. 남은 것 6개를 다 주었더니 아예 턱 밑까지 기어오른다.

정상까지 갔다 오기에는 시간이 늦었고 근처에서 야영을 하자니 먹을 물이 없다. 고등학생으로 보이는 아들 둘과 엄마가 하산 중이다.

"실례합니다, 남은 물 좀 있나요?"

"이것 밖에 없는데요." 하면서 한 모금 정도 남은 물통을 건네준다.

"정상 쪽으로 800m 정도 가면 물이 나오는 곳이 있어요." 아이들과 엄마가 자신 있게 이야기한다. 혼자서 빈 통을 모아 물을 찾아 빠른 걸음으로 10분쯤 오르니 갈림길에 남아있던 상규에게서 물 이야기를 들은 다른 하산객이 'Back! No Water!'를 반복하며 돌아오라고 소리 지른다. 설마 아이 엄마가 재미 삼아 거짓말을 했겠나? 원위치로 돌아와 상규와 의논

후 다시 오른다. 30분 가량 오르다 하산 길의 모녀를 만난다.

"위 쪽에 물이 있나요?"

"아니요. 전혀 없는데요."

내가 보기에도 물이 있을 턱이 없다. 온통 바위덩어리뿐인데 어디서 물이 나오겠나. 아무래도 헛수고를 하는 것 같다.

"그럼 당신네 물을 조금 얻을 수 있을까요?"

"곤란한데요. 우리도 내려가면서 마실 물밖에 없는데요." 하며 그냥 지나간다.

내가 보기에는 커다란 수통에 물이 꽉 차있고 충분히 여유가 있었다. 하는 수 없이 포기하고 내려가는데 좀 전에 봤던 20대 딸이 스틱 끝부분이 빠졌는데 수리를 못한 채 배낭 옆구리에 끼워 넣는 걸 보았다. 내가 고

먹을 거 내놓으라고 졸라대는 마멋

쳐주겠다고 하고, 간단히 수리를 해주고 앞서 내려간다.

그런데 이게 웬 떡 이냐. 모퉁이를 돌기 직전에 물이 가득 채워진 1리터 짜리 물통 2개가 길가에 가지런히 놓여있다. 뒤따라오는 모녀는 보이지 않는다. 누군가 올라가다 힘이 들어 놓아두었다가 내려갈 때 가지고 가려는 것 같다. 그냥 지나칠까 망설이다 목숨을 부지하기 위해 우선 한 모금 마시고 모퉁이를 돌아 쉬는 척 한다. 모녀가 그냥 지나가길 바라는데 "물이 필요하세요? 빈 통이 있나요?" 엄마가 묻는다.

"네, 감사합니다."하고서 얼른 빈 수통에 400cc 정도를 받는다. 더 얻고 싶지만 끽소리 않고 주는 대로 받는 수 밖에 없다. 스틱을 고쳐준 데 대한 보답이리라. 모녀가 먼저 내려가길 기다렸다가 아마도 천사였을 누군가가 놓아둔 두 물통에서 조금씩 덜어 한 통을 채운 후 내려간다.

상규에게 상황 설명을 하니 껄껄 웃는다. 라면을 끓일 정도의 양은 아니지만 내일 아침까지 목을 축일 정도는 되었다. 그렇지 않았다면 지그재그 3km 아래 물 있는 곳까지 내려가 야영 후 내일 다시 올라와야 하는데 엄청난 고역이었을 것이다.

갈림길 바로 옆 전망 좋은 곳에 야영지가 있어 다행이다. 오늘은 4,100m 고도에서 잔다. 잠이 잘 올까? 주변은 적막강산이어서 거친 내 숨소리 외엔 들리는 소리가 없다.

미국 본토 최고봉
휘트니산 ^{4,418m}
정상에 서다

08.06.월   갈림길 ➡ 휘트니산 ➡ 갈림길 ➡ 아웃포스트 야영장

밤하늘의 별 잔치는 언제 보아도 환상적이다. 밤새도록 하늘의 별들을 바라보며 누워있고 싶지만 추워서 견딜 수가 없다. 이른 아침 가벼운 앞 배낭만 하나 들고 정상을 향해 오른다. 패딩점퍼에 얇은 바지 3개를 겹쳐 입어도 춥고, 장갑을 껴도 손이 시리다.

고소증세인 듯 머리가 약간 아프다. 천천히, 아주 천천히 오른다. 어제만큼은 아니어도 길이 험하다. 이미 하산하는 사람들이 많다. 이른 새벽 부지런히 올라 일출을 보았던 모양이다. 상기된 표정들이다. 어찌된 일인지 어제 보았던 수통 둘이 그대로 놓여있다.

한 시간 반 거리에 어제 만났던 고등학생과 엄마의 말대로 눈 녹은 물이 바위 틈에서 졸졸 흘러내리고 있다. 정상 아래 800m 지점에 있다는 걸 출발지에서 800m 지점으로 잘못 들었던 모양이다. 그런데 왜 다른 사람들은 물이 없다고 했을까? 아마 물이 잘 보이지 않아 무심코 지나쳤을 것이다. 얼음까지 깨어먹고 수통에 물을 가득 담아 마저 오른다.

　정상 도착 5분 전에야 정상이 보인다. 4,418m 정상에 많은 사람들이 감동의 순간을 만끽하고 있다. 사방 어디를 둘러봐도 진한 감동의 파노라마다. 저 멀리 까마득한 곳에 우리가 20일간 걸어온 길들이 보이는 듯하다. 구름 한 점 없는 청명한 하늘 아래 펼쳐진 세계가 까마득하게 광활해 미 대륙 전부인 듯 착각하게 된다. 정상 아래 곳곳에 조용히 쉬고 있는 푸른 호수들은 신비하고 아름다운 전설을 간직하고 있을 것만 같다.

　오늘 무사히 이곳까지 올 수 있었음은 지난 20일간 경건한 자세로 야생의 자연을 경험하며 한 발 한 발 꾸준히 걸었기 때문이다. 하루 평균 삼만보씩 20일간 60만보를 걸었다. 상규와 나는 사방 팔방으로 사진을 찍

휘트니산 정상

299

휘트니 산은 다양한 모습의 명품 자연 집합체이다

휘트니산 절벽 아래의 모습은 접근할 수 없어 더욱 신비롭다

으며 정상에서 오랜 시간을 보낸다.

하산 길에 그 물줄기를 다시 만나 물통을 가득 채운다. 바위투성이인 곳에 눈이 쌓여 얼음이 되었고, 그 얼음이 녹으면서 흘러 내리고 있었던 것이다. 어제 정상을 향해 올라갈 때도 있었던 고마운 물통이 내려갈 때는 보이지 않는다. 주인이 챙겨갔을까? 아무튼 생명수와 같았던 물을 마실 수 있게 해준 그 누군가에게 감사함을 전한다.

열흘 전 뮤어 랜치에서 만났던 부부를 또 만난다. 유난히 밝고 상냥한 부인은 수 차례 조우할 때마다 활짝 웃으며 반가와 하는 모습이 보기 좋았다. 남편도 우리보다 두 살 많은 형님 같이 늘 관심을 갖고 반가운 표정이다.

야영지까지 되돌아 가는데 두 시간이 걸렸다. 텐트를 정리하고 다시 절벽 길을 내려간다. 여기까지 오는 동안 9개의 고개를 넘었고, 모두 어렵고 힘들었지만 10번째 마지막 고개는 4,190m로 JMT에서 가장 높기도 하고 유난히 힘든 것 같다. 정상을 향해 힘겹게 오르는 사람들을 연민의 시선으로 바라본다.

아득히 멀리 호숫가에 사람들이 개미처럼 움직인다. 정상을 향해 오르는 사람과 내려가는 사람들이 모였을 것이다. 급경사가 끝나는 지점에서 LA에서 온 70세 한인을 만난다. 친구와 요세미티에서 출발했다가 중간에 다리 부상을 입고 하산해서 치료 후 혼자 남은 친구를 만나러 다시 정상에 오른다고 한다. 그런데 헤어지고 나서 올라가는 뒷모습을 보니 불안해 보이고 걱정이 된다.

마지막 하산 길도 경치는 어느 곳 못지 않게 훌륭한데 휴대폰 건전지가 거의 소진되어 사진을 충분히 찍지 못해 아쉽다. 휘트니 포탈까지 내려가고 싶었지만 하루 더 머물고 싶다는 상규의 의견을 존중해 아웃포스트 캠프에서 야영을 한다. 끝이라고 생각하니 왠지 아쉽고 섭섭하다. 여길 또 올 수 있을지 모르겠다. 존 뮤어 트레일 마지막 하산길이라 그런지 긴장이 풀리면서 온 몸이 쑤시기 시작하고 다리에 힘이 빠진다.

축하객 없는
자축파티

08.07.화　아웃포스트 야영장 ➡ 휘트니 포탈

등산로 옆에 텐트를 설치하였더니 밤새도록 등산객 불빛이 지나간다. 자는 둥 마는 둥 5시에 기상한다. 마지막 날이라 상규를 깨우지 않고 혼자서 작은 모닥불을 피운다. 두 시간이 지나도록 일어나지 않아 너무 늦어도 안 될 것 같아 살며시 깨운다. 빈 속에 커피 한 잔 마시고 하산을 서두른다. 두 시간 거리지만 마지막이라 생각해서인지 꽤 멀게 느껴진다.

드디어 휘트니 포탈에 도착한다. 자전거 라이딩과 자동차 여행을 포함 70일간의 여정이 끝났다. 안도와 환희의 눈물이 난다. 아무런 사고 없이

부모와 산행 중인 꼬마 아가씨

존 뮤어 트레일 트레킹을 마치고 휴식 중인 두 아가씨의 모습이 아주 의기양양하다

함께 해준 상규가 진심으로 고맙다. 우연히 한국에서 미군악대원으로 근무했었다는 사람이 우리에게 다가와 도움을 자청한다.

그의 차량으로 20여km거리의 로네 파인까지 내려갔다가 다시 요세미티에서 빌린 곰통을 반납하기 위해 와일드네스 센터까지 간다. 그런데 이곳에서 곰통 반납이 되지 않는다. 우체국 택배를 이용해 처음 곰통을 받았던 요세미티 센터로 보내야 한다는 것이다. 미국이라는 선진국의 어이없는 시스템에 놀랄 수 밖에 없다. 그러나 어쩌랴 그들 나라에 왔으니 그들 법에 따르는 수 밖에.

숙소를 정하고 빨래방에 가서 20여일 묶은 빨래를 한다. 기념품 가게에 들러 존 뮤어 트레일 마크가 새겨진 티셔츠를 사서 입고 작은 촌 동네인 로네 파인을 활보한다.

20일간 존 뮤어 트레일 트레킹을 무사히 마치다

숙소 앞에서 축하객 없는 자축파티를 한다.

"고맙다 친구야!"

"아 ─ 끝났다!"

후기

남들은 여행을 많이 다니는 내게 욕심이 많다고 한다. 나는 잘 모르겠다. 하기야 세상 어떤 일도 욕심 없이는 성취감을 느낄 수 없으니 여행에 관한한 욕심이 없다고 할 수 없다.

예전부터 나는 집을 떠나 돌아다님을 좋아했다. 남들과는 차별화된 방법으로 나만의 여행을 즐겼다. 그것이 내가 원하는 나의 인생이고, 나의 삶을 지켜주는 원동력이다.

내가 하는 여행에 대해 "왜?""어떻게?"하고 묻는 사람들이 많다. 내가 대답하면 그들은 "너니까 할 수 있는 것이다.""그러니까 네 이름이 '기인'이지.""부모님께서 이름은 기막히게 지어주셨다." 그러나 내 이름은 '奇人'이 아니고 '基寅'이다. 깊은 자연 속에서 은밀하게 사냥을 즐기는 호랑이다.

하나로 만족할 줄 모르는 과욕의 발로가 아니었다. 인생은 단 한 번이고, 오늘도 한 번뿐이기에 마냥 다음을 기약하기 어렵다. 시간은 유한한데 경험해 보고 싶은 것은 많아 미국 자전거 여행, 국립공원 탐방에 이어 나의 전공인 트레킹과 등산까지 했다.

해보니 어느 것 하나도 쉽지는 않았지만 매일 겪는 하루 하루의 벅찬 감동을 주체할 수가 없었다. 쌓이는 피로보다 머리 속이 비어가고, 몸이 가벼워지는 느낌이 더 즐거웠다. 남은 인생에 대한 자신감이 생겼고, 더 힘든 도전을 해보고픈 의욕까지 자라났다. 인생은 아름답지만 자유롭게 여행을 하지 않으면 빛을 잃을지도 모른다.

　여행을 하면서 예상치 못했던 변수가 많았다. 나의 여행계획이 완벽하지 못했기 때문이다. 자전거 여행 때는 고장과 수리에 대한 준비가 부족했고, 악천후에 대한 대비도 부족했다. 그리고 무리한 스케줄을 세워 주 1회의 휴식을 위한 예비일을 단 하루도 사용하지 못하고 매일 라이딩을 했다. 자전거 길찾기도 종이지도를 주로 활용하고 GPS는 보조 역할을 했어야 하는데 그 반대로 하다가 길을 헤매는 경우가 종종 있었다.

　미서부 국립공원은 사전에 공부하고 다녔더라면 더 의미 있고 효율적으로 관광할 수 있었을 것이다. 자동차의 동선을 보다 자세히 검토하지 않아 놓친 경관이 많고 오가는 길이 중복되면서 시간 낭비를 했다.

어렵사리 입산 허가를 받은 존 뮤어 트레일에서 20kg이 넘는 배낭을 메고 하루 평균 20km씩 쉬지 않고 20일을 걷는다는 것은 결코 쉬운 일은 아니었다.

　그 속에서 자연의 경이로움, 야생의 짜릿함을 만끽했지만, 평생의 반려자인 아내와 함께 다니며 보여주지 못한 것이 아쉬움으로 남는다. 아내를 위한 맞춤형 여행을 찾는 것이 오늘 이후의 숙제다.

　누군가 우리와 비슷한 여행을 계획한다면 우선 충분한 여행 기간을 확보하라고 권하고 싶다. 원하는 대로 진행되지 않을 경우가 많기 때문에 일정을 15% 정도 여유 있게 잡을 필요가 있다.

　동행자는 서로를 잘 아는 사람이어야 한다. 동행자끼리 서로에 대한 이해와 배려심이 있어야 더욱 즐겁고 아름답고 행복한 여행이 될 수 있다.